光电仪器电子学实验与系统设计

郑猛　唐义　孔令琴　刘克 ◎ 编著

EXPERIMENT AND SYSTEM
DESIGN OF OPTOELECTRONIC
INSTRUMENT ELECTRONICS

U0234881

北京理工大学出版社
BEIJING INSTITUTE OF TECHNOLOGY PRESS

图书在版编目（CIP）数据

光电仪器电子学实验与系统设计／郑猛等编著．--
北京：北京理工大学出版社，2022.9
ISBN 978 - 7 - 5763 - 1697 - 1

Ⅰ.①光… Ⅱ.①郑… Ⅲ.①光电仪器—电子学—实
验—高等学校—教材②光电仪器—系统设计—高等学校—
教材 Ⅳ.①TH89

中国版本图书馆 CIP 数据核字（2022）第 168720 号

出版发行／北京理工大学出版社有限责任公司
社　　址／北京市海淀区中关村南大街 5 号
邮　　编／100081
电　　话／（010）68914775（总编室）
　　　　　（010）82562903（教材售后服务热线）
　　　　　（010）68944723（其他图书服务热线）
网　　址／http：//www.bitpress.com.cn
经　　销／全国各地新华书店
印　　刷／保定市中画美凯印刷有限公司
开　　本／787 毫米 ×1092 毫米　1/16
印　　张／13.75　　　　　　　　　　　　责任编辑／吴　博
字　　数／318 千字　　　　　　　　　　　文案编辑／李丁一
版　　次／2022 年 9 月第 1 版　2022 年 9 月第 1 次印刷　　责任校对／周瑞红
定　　价／48.00 元　　　　　　　　　　　责任印制／李志强

电子学本质上是一门实验科学。电子学实验课程包含丰富的实验思想、方法、手段，提供了综合性很强的基本实验技能训练，是培养学生科学实验能力、提高科学素质的重要基础。同时，电子学实验课程在培养学生严谨的治学态度、活跃的创新意识、灵活的应用能力等方面，具有其他实践类课程不可替代的作用。

随着高等教育的大众化，对普通本科院校的教育教学尤其是课程建设提出了更高的要求，编写既符合教育部课程体系要求，同时又符合学校实际的课程教材显得十分必要。各高等院校正如火如荼地开展电子学实验课程改革，改革的核心是吸纳学科群其他课程内容及实验科学的前沿知识，打破严格的学科体系，建立以培养学生能力为核心的多层次的课程结构，提高学生的创新意识。

本书是北京理工大学光电学院"光电仪器电子学实验"课程30多年的浓缩与积累，采用多层次、模块化课程体系，并根据普通本科院校理工科教学的特点编写，旨在培养重基础、宽口径、高素质、强能力的复合型人才。

本书主要包括基础性实验和综合设计性实验两大模块。基础实验，主要根据常规仪器电子电路设计中需要重点考虑的几个部分，策划了包括直流电源设计、运算放大器的应用、A/D 转换和 D/A 转换、串口通信等 8 个实验。此类实验的目的是在巩固学生理论学习的基础上，开阔学生眼界和思路，提高学生基础实践能力。综合设计实验，是指根据给定的实验题目、任务要求，由学生自己设计方案并独立完成全过程的实验。综合设计实验部分共 6 个实验，实验中学生以个体或团队的形式选择其中一个实验，用科研的方式进行。通过设计性或课题性实验使学生初步了解科学研究和实验的全过程，逐步掌握科学思想和科学方法，从而培养学生独立实验的能力和运用所学知识解决给定问题的能力。

本书可作为各类普通本科院校工科专业的电子学实验用书。

本书由郑猛、唐义、孔令琴、刘克共同编写。其中，郑猛编写第 2

章 2.1 节和 2.2 节，第 3 章，第 4 章 4.3 节、4.4 节和 4.6 节，附录 2～附录 5；唐义编写第 4 章 4.1 节和 4.2 节；孔令琴编写第 2 章 2.3 节，第 4 章 4.5 节，附录 6、附录 7；刘克编写第 1 章，附录 1。闫吉庆、张化鹏、赵跃进、李翠玲老师在实验设计方面提出了许多宝贵意见，在此感谢。

实验教学的探索是无止境的长期任务，书中的方法、观点、内容难免有不妥或疏漏之处，恳请同行及广大读者提出宝贵意见。

编　者

2022 年 5 月

目　录
CONTENTS

第1章　直流电源设计与调试 ·········· 001

1.1　线性直流稳压电源的设计与调试 ·········· 002

　1.1.1　概述 ·········· 002

　1.1.2　实验目的 ·········· 004

　1.1.3　线性直流稳压电源设计原理 ·········· 004

　1.1.4　直流稳压电源设计指标及器件选取 ·········· 013

　1.1.5　实验器件及调试步骤 ·········· 014

　思考题 ·········· 016

第2章　集成运算放大器的应用 ·········· 017

2.1　运算放大器在波形变换中的应用 ·········· 020

　2.1.1　概述 ·········· 020

　2.1.2　实验目的 ·········· 021

　2.1.3　积分电路与比较电路 ·········· 021

　2.1.4　实验电路原理及分析 ·········· 024

　2.1.5　电路设计与计算 ·········· 029

　2.1.6　实验器件及调试步骤 ·········· 029

　思考题 ·········· 029

2.2　运算放大器在信号处理中的应用 ·········· 030

　2.2.1　概述 ·········· 030

　2.2.2　实验目的 ·········· 031

　2.2.3　二阶无限增益多路反馈有源滤波电路 ·········· 031

　2.2.4　实验电路原理及分析 ·········· 034

2.2.5 二阶无限增益多路反馈滤波电路的设计与计算 ⋯⋯⋯⋯⋯ 038

2.2.6 实验器件及调试步骤 ⋯⋯⋯⋯⋯⋯⋯⋯⋯⋯⋯⋯ 040

思考题 ⋯⋯⋯⋯⋯⋯⋯⋯⋯⋯⋯⋯⋯⋯⋯⋯⋯⋯⋯⋯ 040

2.3 几种运算放大器失调的比较与调零 ⋯⋯⋯⋯⋯⋯⋯⋯⋯⋯ 041

2.3.1 概述 ⋯⋯⋯⋯⋯⋯⋯⋯⋯⋯⋯⋯⋯⋯⋯⋯⋯⋯ 041

2.3.2 实验目的 ⋯⋯⋯⋯⋯⋯⋯⋯⋯⋯⋯⋯⋯⋯⋯⋯ 041

2.3.3 输入失调电压及影响 ⋯⋯⋯⋯⋯⋯⋯⋯⋯⋯⋯⋯ 041

2.3.4 运算放大器调零及参数比较 ⋯⋯⋯⋯⋯⋯⋯⋯⋯⋯ 042

2.3.5 实验器件及调试步骤 ⋯⋯⋯⋯⋯⋯⋯⋯⋯⋯⋯⋯ 046

思考题 ⋯⋯⋯⋯⋯⋯⋯⋯⋯⋯⋯⋯⋯⋯⋯⋯⋯⋯⋯⋯ 047

第3章 数字电路的应用 ⋯⋯⋯⋯⋯⋯⋯⋯⋯⋯⋯⋯ 049

3.1 555定时器原理与应用 ⋯⋯⋯⋯⋯⋯⋯⋯⋯⋯⋯⋯⋯ 050

3.1.1 555定时器内部结构及引脚 ⋯⋯⋯⋯⋯⋯⋯⋯⋯⋯ 050

3.1.2 555定时器的工作原理 ⋯⋯⋯⋯⋯⋯⋯⋯⋯⋯⋯ 051

3.1.3 555定时器的应用 ⋯⋯⋯⋯⋯⋯⋯⋯⋯⋯⋯⋯⋯ 052

3.2 模/数转换技术的应用 ⋯⋯⋯⋯⋯⋯⋯⋯⋯⋯⋯⋯⋯ 054

3.2.1 引言 ⋯⋯⋯⋯⋯⋯⋯⋯⋯⋯⋯⋯⋯⋯⋯⋯⋯⋯ 054

3.2.2 实验目的 ⋯⋯⋯⋯⋯⋯⋯⋯⋯⋯⋯⋯⋯⋯⋯⋯ 055

3.2.3 模/数转换原理 ⋯⋯⋯⋯⋯⋯⋯⋯⋯⋯⋯⋯⋯⋯ 055

3.2.4 模/数转换器的分类 ⋯⋯⋯⋯⋯⋯⋯⋯⋯⋯⋯⋯ 058

3.2.5 模/数转换器TLC0820简介 ⋯⋯⋯⋯⋯⋯⋯⋯⋯⋯ 065

3.2.6 实验电路原理及分析 ⋯⋯⋯⋯⋯⋯⋯⋯⋯⋯⋯⋯ 069

3.2.7 实验器件及调试步骤 ⋯⋯⋯⋯⋯⋯⋯⋯⋯⋯⋯⋯ 070

思考题 ⋯⋯⋯⋯⋯⋯⋯⋯⋯⋯⋯⋯⋯⋯⋯⋯⋯⋯⋯⋯ 070

3.3 数/模转换技术的应用 ⋯⋯⋯⋯⋯⋯⋯⋯⋯⋯⋯⋯⋯ 071

3.3.1 引言 ⋯⋯⋯⋯⋯⋯⋯⋯⋯⋯⋯⋯⋯⋯⋯⋯⋯⋯ 071

3.3.2 实验目的 ⋯⋯⋯⋯⋯⋯⋯⋯⋯⋯⋯⋯⋯⋯⋯⋯ 071

3.3.3 数/模转换原理 ⋯⋯⋯⋯⋯⋯⋯⋯⋯⋯⋯⋯⋯⋯ 071

3.3.4 数/模转换器的分类 ⋯⋯⋯⋯⋯⋯⋯⋯⋯⋯⋯⋯ 075

3.3.5 实验电路原理及分析 ⋯⋯⋯⋯⋯⋯⋯⋯⋯⋯⋯⋯ 077

3.3.6 实验器件及调试步骤 ⋯⋯⋯⋯⋯⋯⋯⋯⋯⋯⋯⋯ 085

思考题 ⋯⋯⋯⋯⋯⋯⋯⋯⋯⋯⋯⋯⋯⋯⋯⋯⋯⋯⋯⋯ 087

3.4 基于51单片机的模/数和数/模转换 ⋯⋯⋯⋯⋯⋯⋯⋯ 087

3.4.1 引言 ⋯⋯⋯⋯⋯⋯⋯⋯⋯⋯⋯⋯⋯⋯⋯⋯⋯⋯ 087

3.4.2 实验目的 ⋯⋯⋯⋯⋯⋯⋯⋯⋯⋯⋯⋯⋯⋯⋯⋯ 087

3.4.3 I^2C总线基本原理及数据传送 ⋯⋯⋯⋯⋯⋯⋯⋯ 087

　　　3.4.4　PCF8591 芯片 ·· 096

　　　3.4.5　实验电路原理及分析 ·· 099

　　　3.4.6　实验器件及调试步骤 ·· 100

　　　思考题 ··· 101

　3.5　RS－232C 接口电路及单片机串行通信 ·································· 101

　　　3.5.1　引言 ·· 101

　　　3.5.2　实验目的 ·· 105

　　　3.5.3　RS－232C 串行通信标准 ·· 105

　　　3.5.4　RS－232 电平和 TTL 电平的转换 ································· 108

　　　3.5.5　单片机串行通信 ·· 112

　　　3.5.6　实验电路原理及分析 ·· 115

　　　3.5.7　实验器件及调试步骤 ·· 115

　　　思考题 ··· 116

第4章　综合设计实验 ··· 117

　4.1　数字电压表设计与实现 ·· 118

　　　4.1.1　引言 ·· 118

　　　4.1.2　设计任务及要求 ·· 118

　　　4.1.3　设计思路及分析 ·· 118

　　　4.1.4　相关知识概述 ··· 119

　4.2　数字光照强度检测系统设计与实现 ······································ 122

　　　4.2.1　引言 ·· 122

　　　4.2.2　设计任务及要求 ·· 123

　　　4.2.3　设计思路及分析 ·· 123

　　　4.2.4　相关知识概述 ··· 124

　4.3　红外防盗报警系统设计与实现 ·· 128

　　　4.3.1　引言 ·· 128

　　　4.3.2　设计任务及要求 ·· 128

　　　4.3.3　设计思路及分析 ·· 128

　　　4.3.4　相关知识概述 ··· 129

　4.4　基于 DDS 的波形发生器设计与实现 ····································· 135

　　　4.4.1　引言 ·· 135

　　　4.4.2　设计任务及要求 ·· 135

　　　4.4.3　设计思路及分析 ·· 135

　　　4.4.4　相关知识概述 ··· 136

　4.5　心率及血氧检测系统设计与实现 ·· 146

　　　4.5.1　引言 ·· 146

4.5.2 设计任务及要求 ·· 147

4.5.3 设计思路及分析 ·· 147

4.5.4 相关知识概述 ·· 148

4.6 视频图像采集处理系统设计与实现 ·············· 152

4.6.1 引言 ·· 152

4.6.2 设计任务及要求 ·· 152

4.6.3 设计思路及分析 ·· 153

4.6.4 相关知识概述 ·· 153

附录 ··· 173

附录 1 误差分析与测量数据处理 ································ 173

附录 2 LCD 1602 的使用方法 ······································ 175

附录 3 AD9850 并行工作控制字写入方法 ·················· 182

附录 4 HC - 05 蓝牙模块的使用方法 ·························· 184

附录 5 OV5640 摄像头模块简介 ································· 189

附录 6 NodeMCU 开发板简介 ···································· 193

附录 7 OLED12864 的使用方法 ·································· 197

参考文献 ··· 209

第 1 章
直流电源设计与调试

随着科学技术的发展，电源作为各种电子设备及电气控制设备的能量供给单元，广泛应用于科学研究、经济建设、国防建设以及日常生活的各个方面，与国民经济的发展密切相关。电源的种类和规格比较多，不同的电子设备和电气控制设备所使用的电源种类和规格各不相同。如某些仪表、单片机等，其电源往往是 5 V 的直流稳压电源；一些模拟信号放大器往往使用 ±12 V 或 ±15 V 的高精度直流稳压电源。仪器仪表中的直流电源主要有线性直流稳压电源、开关直流稳压电源、直流稳流电源、直流高压电源、电池等。其中，线性直流稳压电源在仪器仪表中占有重要的地位。

线性直流稳压电源价格便宜，纹波小，使用简单，适用于模拟电路。缺点是效率较低，尤其是在大电流和低电压输出的情况，通常适用 1 A 以下电流的需要。线性直流稳压电源设计的优劣，直接关系到仪器仪表的性能指标，并关系到仪器仪表的输入功率、结构、体积和散热等问题。因此，线性直流稳压电源的设计是不容忽视的。一般来说，线性直流稳压电源的设计过程应遵循以下几项原则：①根据仪器中各功能单元所需功率大小（电压值和电流值）确定选择某种稳压器件。市场上的稳压器有三端式和多端式之分，由于三端式稳压器具有使用方便、性能稳定、价格低廉等优点，一直得到广泛的应用，一般都首选三端式稳压器。②确定滤波电路、整流电路及电源变压器次级绕组电压（有效值）。次级绕组电压经过整流滤波后的直流电压应大于或等于稳压电源输出电压与三端稳压器输入/输出端的最小压差之和。如该电压值太低，稳压器输出不能稳压；如该电压值太高，则增大了稳压器的功耗，随之带来了散热问题，同时又增大了变压器的重量及体积。

在输出功率较大的场合，为了减小仪器设备的功率损耗和体积，通常采用开关直流稳压电源。这种稳压电源又可分为 AC/DC 和 DC/DC 两类，价格比较便宜，市售广泛，效率高，体积小，重量轻，适用于安培级或以上的应用。缺点是纹波较大，电路相对复杂些。一般应用于数字电路或纹波电压要求不太高的场合。

在某些测量光信息的光电仪器中，有时需要关注光源的色温。色温是光源的一个重要指标，而色温与流过光源的电流有关。例如，要求白炽灯发出的白光与太阳光发出的光谱成分相当，则需要经过计量标定并给出一定的电流参数。这时，就要用到稳流电源，否则当白炽灯中流过的电流比该参数大或比该参数小都不可能获得与太阳光光谱成分相当的白光光谱。在某些光电仪器中，有时还需要利用光电器件如光电倍增管来接收微弱的光信息，而光电倍增管的工作电压往往是几百伏或上千伏直流电压。因此，在这些光电测量仪器中，稳流电源或高压电源的性能指标将直接决定这些测量仪器的测量精度。

在便携式的仪器仪表中，电源有时采用电池或交直流两用的形式。即便是只用电池的仪器，有时为了提高性能指标，也可能采用直流/直流（DC/DC）变换的直流稳压电源。可见直流稳压电源在仪器仪表中的重要性及普遍性。电源是仪器的核心之一，电源设计的优劣一方面关系到仪器的性能指标，另一方面也直接关系到仪器的输入功率、仪器的结构、体积和散热等问题，因此电源的设计非常重要。

本章实验主要是掌握线性直流稳压电源的设计原理及调试方法。掌握了线性直流稳压电源的设计和调试方法后，便能够触类旁通完成其他电源的设计与调试。

1.1 线性直流稳压电源的设计与调试

1.1.1 概述

线性直流稳压电源是指调整管工作在线性状态时的直流稳压电源，依靠调节电源调整管上的压降来实现输出稳压。此类电源在负载较大时，流过调整管的电流很大，消耗在调整管上的功率就会很大，致使调整管发热。调整管发热不仅需要散热设备，还是对能源的一种浪费。通常线性稳压电源的效率比较低，仅为30%～40%。但是，线性直流稳压电源价格便宜、纹波小、使用简单，虽然各种新型的稳压电路结构层出不穷，但线性直流稳压电源却始终占有一定地位。

直流稳压电源还有一种为开关直流稳压电源。开关直流稳压电源的调整管工作在开关状态，开关直流稳压电源不使用工频变压器和低通滤波器，具有变换效率高（可高达70%～95%）、重量轻、体积小以及工作效率高的特点。但是，开关直流稳压电源线路结构复杂、纹波较大。具体使用哪种电源需依据设计指标、要求决定。本节主要介绍线性直流稳压电源的设计与实验。

线性直流稳压电源的设计中，稳压电路的设计非常重要。稳压电路的作用是使直流电源的输出电压基本上不随交流电网电压波动和负载变化而变化。

稳压电路的主要性能指标如下。

1. 电网调整率

电网调整率表示输入电网电压由额定值变化 ±10% 时，稳压电源输出电压的相对变化量，有时也以绝对值表示。一般稳压电源的电网调整率等于或小于 1% 、0.1% 甚至 0.01% 。

2. 稳压系数

稳压系数有绝对稳压系数和相对稳压系数两种。绝对稳压系数表示负载不变时，稳压电源输出电压变化量 ΔU_o 与输入电网电压变化量 ΔU_i 之比，即

$$K = \frac{\Delta U_o}{\Delta U_i} \tag{1.1}$$

式（1.1）表示输入电网电压变化量 ΔU_i 引起多大输出电压的变化。所以绝对稳压系数 K 值越小越好。K 值越小，表明输出电压越稳定。

但是，在稳压电源中更重视相对稳压系数。相对稳压系数是指在负载电阻为常数的情况下，电源输出电压的相对变化量与输入电压的相对变化量之比，即

$$S_r = \frac{\Delta U_o / U_o}{\Delta U_i / U_i} \tag{1.2}$$

相对稳压系数测试过程为：先使用变压器将输入电压调节为 $U_i = 242$ V，测量相应输出电压 U_{o1}，再调整变压器使输入电压变为 $U_i = 198$ V，测量相应输出电压 U_{o2}，最后将工频电网电压作为输入电压 $U_i = 220$ V，测出对应的输出电压值 U_o，则相对稳压系数 S 的表达式为

$$S_r = \frac{\Delta U_o / U_o}{\Delta U_i / U_i} = \frac{U_{o1} - U_{o2}}{U_o} \cdot \frac{220}{242 - 198} \tag{1.3}$$

以上的 242 V 和 198 V 是取自工频电压波动的 $\pm 10\%$。

3. 输出电阻（也称为等效内阻或内阻）

输出电阻反映了负载变化对输出电压的影响，定义为在输入电压 U_i 和温度 T 不变时，输出电压的变化量与输出电流的变化量之比的绝对值，即

$$R_o = \left| \frac{\Delta U_o}{\Delta I_o} \right| \tag{1.4}$$

工程上也常用"电流调整率"作为衡量稳压性能的指标。它指负载电流由零变到额定值时，输出电压的相对变化量。

4. 纹波电压

（1）最大纹波电压。在额定输出电压和负载电流下，输出电压的纹波（包括噪声）的绝对值大小，通常以峰 - 峰值或有效值表示。

（2）纹波系数 γ。在额定负载电流下，输出纹波电压的有效值 U_{rms} 与输出直流电压 U_o 之比，即

$$\gamma = \frac{U_{rms}}{U_o} \times 100\% \tag{1.5}$$

（3）纹波电压抑制比。纹波电压抑制比是指在规定的纹波频率（如 50 Hz）下，输入电压中的纹波电压 U_i 与输出电压中的纹波电压 U_o 之比。

一般来说，电源的设计应遵循以下原则：①根据仪器中各功能模块所需功率大小（电压值和电流值）选择合适的三端稳压器；②确定变压器副边绕组电压。变压器副边绕组电压经过整流滤波后的直流电压应大于或等于电源输出电压与三端稳压器输入/输出压差之和。如果该电压值太低，三端稳压器输出不稳压。如果该电压值太高，一方面增加了三端稳压器的功耗，随之带来散热问题；另一方面又有可能增大了变压器体积，随之带来仪器的重量问题，散热和重量也是仪器设计中需要衡量的重要指标。

1.1.2　实验目的

（1）掌握设计直流稳压电源的一般方法；

（2）掌握电源整流、滤波和稳压电路的调试方法；

（3）通过实验，学会如何提高稳压电源的效率。

1.1.3　线性直流稳压电源设计原理

仪器仪表电路往往由运算放大器及数字集成芯片组成，这些器件的工作电压通常是直流 ±12 V、±15 V（如运算放大器或 CMOS 器件等）和 5 V（如 TTL 数字集成器件、单片机等）。图 1-1 所示为某仪器中线性直流稳压电源的电路原理图。图中共有三路电源，每路电源的输出电流取决于负载的大小，因此在设计时应给出每路电源的设计指标，即输出电压和最大输出电流。而这些设计指标与电源所需供电的元器件数量和性能有关，可通过查找待供电元器件的资料或手册来估算出电源要输出的电压和电流。

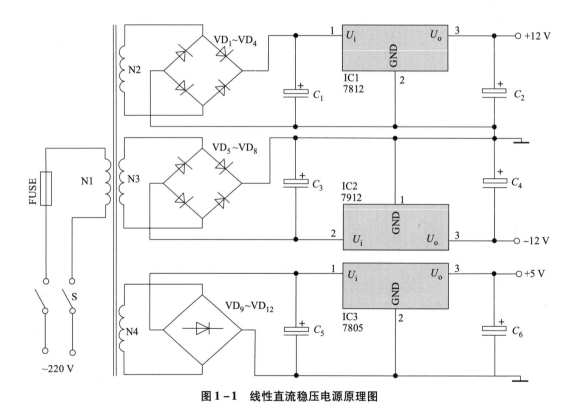

图 1-1　线性直流稳压电源原理图

除了输出电压和电流两个指标外，对线性电路所使用的电源还需提出电网调整率（电网的波动对输出电压的影响）、电流调整率（负载变化对输出电压的影响）和输出噪声电压（稳压电源内部噪声对输出电压的影响）三个设计指标。而对于数字电路所使用的电源，这三个指标并不十分重要。在要求输出电流较大时，也可以采用开关直流稳压电源。

图 1－1 中的三路电源尽管各自的设计指标不同，但是电路的结构形式是完全相同的。不同的是输入电压来自同一个电源变压器的三个不同的次级绕组（N2、N3、N4）电压。

对于图 1－1 所示的电源原理图，需要确定如下几种元器件的参数。

（1）根据设计指标，查找资料选取三端稳压器的型号。

如果图中输出电压指标为 12 V、－12 V 及 5 V，输出电流均小于 500 mA，则可选取 78M12 或 7812、79M12 或 7912 及 78M05 或 7805 型号的三端固定式稳压器。如果输出电压的准确度要求高，或输出电压要求能连续可调，可以采用 LM317 三端可调式稳压器。

（2）根据三端稳压器的最小输入电压和负载电流，确定滤波电容器的参数（容量和耐压）和整流二极管的参数（最大整流电流和最大反向峰值电压）。

（3）通过估算或实验测定，确定变压器次级绕组的输出电压 U（用有效值表示）。

（4）最后画出变压器加工图。

变压器加工图如图 1－2 所示。图中给出的 U_1、U_2、U_3 是交流电压的有效值，A_1、A_2、A_3 是输出电流（电流的大小决定了变压器线径的粗细），其值一般比负载电流（即变压器次级绕组正常的输出电流）大 10% 即可。由此可确定变压器的总输出功率，同时也确定了变压器的体积大小。在体积容许的前提下，变压器的导线直径可以选择粗一些。有了这些参数，变压器加工厂商就会自行考虑选择铁芯大小和导线直径，用户只需提供加工图纸即可。

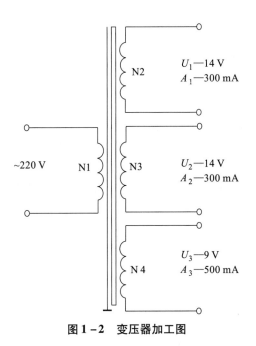

图 1－2　变压器加工图

对于图 1－1 中的三路电源因其电路的结构形式完全相同，可用图 1－3 表示出直流稳压电源的结构原理框图。

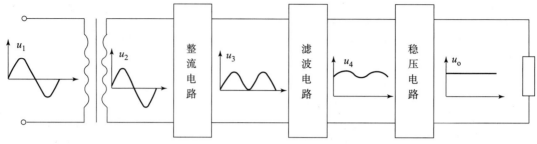

图 1-3　直流稳压电源结构原理框图

它的工作情况可由如下的几个过程简单描述。

（1）交流 220 V、频率 50 Hz 的市电经电源变压器次级绕组降压后，变为低压正弦交流电压；

（2）低压正弦交流电压经二极管桥式整流后，输出为具有较大脉动的直流电压；

（3）该较大脉动的直流电压再经过电容器滤波后，使其脉动减小；

（4）最后经过稳压电路稳压后，输出稳定的直流电压并满足输出电压、电流的指标。

1.1.3.1　整流电路

整流电路的任务是将交流电压变成脉动直流电压。完成这一任务主要依靠二极管的单向导电性，因此二极管是构成整流电路的核心器件。常见整流电路有单相半波整流电路和单相全波整流电路。为简化分析，假设整流二极管为理想模型，即外加正向电压时导通，外加反向电压时截止，忽略正向电阻与反向电流。

1. 单相半波整流电路

单相半波整流电路的组成如图 1-4 所示。电路的作用是把单相 50 Hz 的电网交流电压（有效值 220 V）变成满足整流电路输入要求的交流电压 u_2（变压器二次电压）。R_L 表示整流电路的负载，是消耗电能的设备，一般具有纯电阻性质。R_L 两端的电压 u_o 和流过 R_L 的电流 i_o 是整流电路的输出量。

由于二极管的单向导通性，当交流正弦电压 u_2 处于正半周时，二极管导通，此时输出电压 u_o 与 u_2 相等，波形完全相同。当交流正弦电压 u_2 处于负半周时，二极管截止，输出电压 $u_o=0$。输出电压波形如图 1-4（b）所示。因此，负载 R_L 上得到了单方向脉动电压。因负载上只有半个周期内有电压和电流，因此称为"半波整流电路"。

半波整流电路输出电压的平均值 $U_{o(AV)}$ 是负载上电压的平均值，即输出电压 u_o 在一个周期内的平均值或 u_o 的直流分量，把图 1-4（b）中的输出电压 u_o 用傅里叶级数分解为

$$u_o = \sqrt{2}U_2\left(\frac{1}{\pi} + \frac{1}{2}\sin\omega t - \frac{1}{3\pi}\cos2\omega t + \cdots\right) \tag{1.6}$$

式（1.6）的直流分量为 $U_{o(AV)}$，即

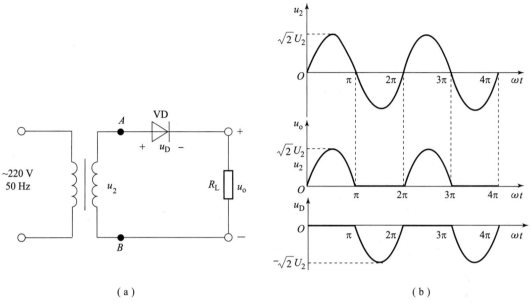

图 1 – 4　单相半波整流电路

（a）电路组成；（b）电压波形

$$U_{o(AV)} = \frac{\sqrt{2}}{\pi}U_2 \approx 0.45U_2 \qquad (1.7)$$

式中：U_2 为变压器二次电压 u_2 的有效值。

求输出电压的平均值 $U_{o(AV)}$ 还可以对输出电压积分，得到一个周期内的平均值，即

$$U_{o(AV)} = \frac{1}{2\pi}\int_0^{\pi}\sqrt{2}U_2\sin(\omega t)\mathrm{d}(\omega t) \approx 0.45U_2 \qquad (1.8)$$

半波整流电路输出电流的平均值 $I_{o(AV)}$ 是负载电阻上电流的平均值，即

$$I_{o(AV)} = \frac{U_{o(AV)}}{R_L} \approx \frac{0.45U_2}{R_L} \qquad (1.9)$$

由以上分析可知，单相半波整流电路结构简单，所用二极管少。但是，转换效率低，输出电压的平均值小，负载只获得半个周期的电压和电流。为了提高整流效率，需要将另一半的电压也引到负载上，即正半周和负半周都有电流按同一个方向流过负载。这种方式称为全波整流，最常用的是桥式整流电路。

2. 单相桥式整流电路

单相桥式整流电路的组成如图 1 – 5 所示。

单相桥式整流电路由四只二极管接成电桥形式。如图 1 – 5（a）所示，当 u_2 为正半周时，二极管 VD_1 和 VD_3 导通，VD_2 和 VD_4 截止，此时负载 R_L 上的电流自上而下。当 u_2 为负半周时，二极管 VD_2 和 VD_4 导通，VD_1 和 VD_3 截止，此时负载 R_L 上的电流同样也是自上而下。所以在 u_2 整个周期内都有电流通过，并且电流方向相同。输出电压 u_o 的波形如图 1 – 5（b）所示。

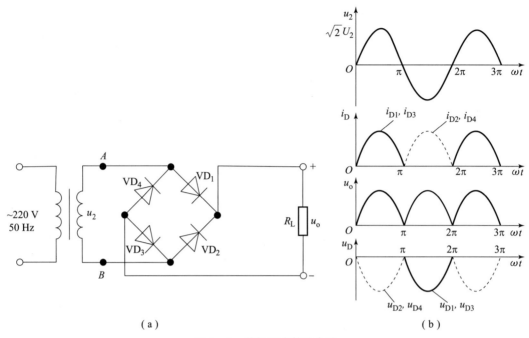

（a）

图 1-5 单相桥式整流电路

（a）电路组成；（b）电压波形

桥式整流电路输出电压的平均值 $U_{o(AV)}$ 是负载上电压的平均值，即输出电压 u_o 在一个周期内的平均值或 u_o 的直流分量，把图 1-5（b）中的输出电压 u_o 用傅里叶级数分解为

$$u_o = \sqrt{2}U_2\left(\frac{2}{\pi} - \frac{4}{3\pi}\cos2\omega t - \frac{1}{15\pi}\cos4\omega t - \cdots\right) \tag{1.10}$$

式（1.10）的直流分量就是 $U_{o(AV)}$，即

$$U_{o(AV)} = \frac{2\sqrt{2}}{\pi}U_2 \approx 0.9U_2 \tag{1.11}$$

同样，求输出电压的平均值 $U_{o(AV)}$ 还可以对输出电压积分，得到一个周期内的平均值，即

$$U_{o(AV)} = \frac{1}{\pi}\int_0^\pi \sqrt{2}U_2\sin(\omega t)\mathrm{d}(\omega t) \approx 0.9U_2 \tag{1.12}$$

桥式整流电路输出电流的平均值 $I_{o(AV)}$ 是负载电阻上电流的平均值，即

$$I_{o(AV)} = \frac{U_{o(AV)}}{R_L} \approx \frac{0.9U_2}{R_L} \tag{1.13}$$

当二极管截止时，管子两端承受最大反向电压 U_{RM}。在 u_2 的一个周期内，每个二极管承受的反向电压为

$$U_{RM} = \sqrt{2}U_2 \tag{1.14}$$

如图 1-5（b）所示，每只二极管只在变压器副边电压的 1/2 个周期通过电流，因此

每个二极管的平均电流只有负载上平均电流的 $1/2$，即

$$I_{D(AV)} = \frac{I_{o(AV)}}{2} \approx \frac{0.45U_2}{R_L} \tag{1.15}$$

考虑到电网电压具有 $\pm 10\%$ 的波动，在实际应用中选用二极管时应至少有 $\pm 10\%$ 的余量。因此，选用二极管的最大反向电压和电流应满足

$$\begin{cases} U_R > 1.1U_{RM} = 1.1 \times \sqrt{2}U_2 \\ I_F > 1.1I_{D(AV)} = 1.1 \times \dfrac{0.45U_2}{R_L} \end{cases} \tag{1.16}$$

1.1.3.2　整流滤波电路

整流电路输出的电压（电流）是脉动直流，其中含有很大的脉动成分（主要是 50 Hz 或 100 Hz 信号），不能作为电子电路的直流电源。为了将脉动直流变为比较平滑的直流电，需要在整流的基础上进行滤波，以保证滤掉脉动部分，使输出电压接近于理想的直流电压。下面介绍电容滤波。

为了抑制负载中的纹波，可在整流电路和负载之间并联一个大容量的滤波电容 C，利用电容的储能作用使脉动波形趋于平滑。通常滤波电容容量较大，一般采用电解电容。电容两端电压 u_c 即为输出电压 u_o。电容滤波电路如图 1-6 所示。

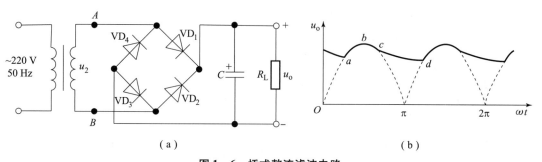

图 1-6　桥式整流滤波电路

（a）电路组成；（b）输出电压波形

设电容 C 两端无初始电压，在 $t = 0$ 时接入整流电路的输入端，以下进行电路分析。

1. 在 u_2 的正半周

当 $u_2 > u_c$ 时，二极管 VD_1 和 VD_3 导通，电源给负载提供电流的同时给电容 C 充电，整流电路的内阻 R_D 近似认为是 0（不考虑整理电路内阻），充电时间常数 $\tau_1 = R_D C \approx 0$。

当 $u_2 < u_c$ 时，二极管 VD_1 和 VD_3 截止，电容 C 向负载放电，放电时间常数 $\tau_2 = R_L C$。

当变压器副边电压 u_2 处于正半周并且数值大于电容两端电压 u_c 时，二极管 VD_1 和 VD_3 导通，电流一路流经负载 R_L，另一路对电容 C 充电。在理想情况下，变压器副边无损耗，二极管导通电压为零，所以电容两端电压 u_c（u_o）与 u_2 相等，如图 1-6（b）中曲线 ab 段。当 u_2 上升到峰值后开始下降，电容通过负载 R_L 放电，其电压 u_c 也开始下降，趋势与 u_2 基本相同，如图 1-6（b）中曲线 bc 段。由于电容按指数规律放电，所以当 u_2 下降到

一定数值后，u_c 的下降速度小于 u_2 的下降速度，使 u_c 大于 u_2，从而导致 VD_1 和 VD_3 反向偏置而截止。此后，电容 C 继续通过负载 R_L 放电，u_c 按指数规律缓慢下降，如图 1-6（b）中曲线 cd 段。

2. 在 u_2 的负半周

整流滤波电路的输出与变压器二次侧电压反相。

当 $|u_2| > u_c$ 时，二极管 VD_2 和 VD_4 导通，电源给电容 C 充电，充电时间常数 $\tau_1 = R_D C \approx 0$；

当 $|u_2| < u_c$ 时，二极管 VD_2 和 VD_4 截止，电容 C 向负载放电，放电时间常数 $\tau_2 = R_L C$。

当 u_2 的负半周幅值变化到恰好大于电容两端电压 u_c 时，二极管 VD_2 和 VD_4 导通，再次对电容 C 充电，u_c 上升到 u_2 峰值后又开始下降；下降到一定数值时，VD_2 和 VD_4 截止，C 对 R_L 放电，u_c 按指数规律下降；放电到一定数值时，VD_1 和 VD_3 导通，周而复始。

在充电过程中，整流电路的内阻 R_D 近似认为是 0，所以电容 C 的充电时间很快，近似为 0，因此电容 C 两端的电压 u_c 跟随 u_2 变化。在放电过程中，电容 C 的放电时间常数为 $\tau_2 = R_L C$，由于 $R_L \gg R_D$，所以放电速度远小于充电速度，即电容 C 两端电压 u_c 的下降速度小于上升速度。放电时间常数 τ_2 越大，电容 C 的放电速度越慢，则输出电压 u_o 波动越小。因此，为了获得比较平滑的输出电压，对放电时间常数的要求为

$$\tau_2 = R_L C \geqslant (2 \sim 5)\frac{T}{2} \tag{1.17}$$

式中：T 为电网交流电压的周期，$T = 20$ ms。

桥式整流滤波电路中可按下式估算电路的输出电压：

$$U_o = 1.2 U_2 \tag{1.18}$$

桥式整流滤波电路中，整流二极管的选择。

1. 整流二极管的电流

由式（1.18），输出电压 $U_o = 1.2 U_2$，则负载电流为 $I_o = U_o / R_L$，因此负载电流（输出电流）为

$$I_o = \frac{U_o}{R_L} = \frac{1.2 U_2}{R_L} \tag{1.19}$$

前面计算整流二极管的平均电流是为了选取二极管，也可不计算二极管的平均电流，直接选取二极管的整流电流大于负载电流的 2~3 倍，即

$$I_F > (2 \sim 3) I_o = (2 \sim 3)\frac{1.2 U_2}{R_L} \tag{1.20}$$

2. 整流二极管的最大反向电压

桥式整流滤波电路中，整流二极管承受的最大反向电压 U_{RM} 与式（1.14）相同，为 $\sqrt{2} U_2$。考虑电网波动，整流二极管的最大反向工作电压需满足式（1.16），即 $U_R > 1.1 \sqrt{2} U_2$。而在半波整流滤波电路中，当负载开路时，二极管承受的最大反向电压 $U_{RM} = 2\sqrt{2} U_2$，因此选择二极管时考虑电网波动，应选择 $U_{RM} = 1.1 \times 2 \sqrt{2} U_2$。

1.1.3.3　稳压电路

常用的稳压电路由如图 1-7 所示，由四个部分组成，分别是基准源、比较电路、采样电路和调整管。由图 1-7（b）可以看出，调整管的集电极作为电压输入端，调整管的基极与比较器的输出连接，调整管的发射极与负载串联，组成射极输出器，因此这种电路称为串联型稳压电路。

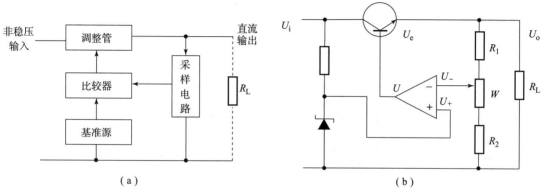

图 1-7　串联型稳压电路原理图

（a）稳压电路框图；（b）稳压电路原理图

下面进一步说明这种稳压电路是如何克服输入电压的波动和负载变化对输出电压的影响，从而实现稳压作用的。

第一种情况：当电网电压波动时，波动的整流滤波后的电压 U_i 同时加在调整管的集电极上，由于比较器负端 U_- 和正端 U_+ 的电位分别来自输出电压的分压和基准稳压二极管的稳定电压，所以这两个电位认为基本不变，从而使比较器的输出端 U 也基本不变；也就是说，调整管的基极和发射极电位也基本不变，结果使输出电压基本稳定，此时 U_i 的变化由调整管的管压降（U_{CE}）来调节。因此，要使调整管起到调整作用，它必须工作在放大区，即输入电压 U_i 必须比输出电压 U_o 至少高出调整管的饱和压降 U_{CES}，否则输出端电压（发射极端）将随着输入端电压（集电极端）的变化而变化。

第二种情况：当负载变化时，如负载加重，使输出电压 U_o 减小，引起比较放大器负端 U_- 电位的下降。由于比较放大器的正端 U_+ 与基准稳压二极管输出端相连接，该端的电位基本不变，从而使比较放大器的输出电位上升，导致调整管的发射极电位升高，结果使输出电压相应地增大，起到输出电压基本稳定的目的。由于比较放大器接成深度负反馈，使输出电压更稳定。这种负反馈可由下面的过程表示：

$$U_o \downarrow \to U_- \downarrow \to U \uparrow \to U_e \uparrow \to U_o \uparrow$$

$$U_o \uparrow \to U_- \uparrow \to U \downarrow \to U_e \downarrow \to U_o \downarrow$$

由以上的分析可知，基准电压在稳压过程中起到了十分重要的关键作用。当外界变化使输出电压偏离额定值时，这种偏离趋势经过采样电路送到负反馈放大电路的输入端，与基准电压相比较后经过放大，再送去控制调整管进行调节，形成负反馈的闭环调节系统。

换句话说，当基准电压本身不稳定，同样会影响输出电压的不稳定。而基准电压的不稳定性主要受温度的影响，因此衡量稳压电路的性能指标除了电压调整率、电流调整率和输出噪声电压之外，还有输出电压温漂，它是指电网电压和负载都不变时，输出电压随温度的变化情况。

以上稳压电路结构较复杂，通常可选用现成的三端稳压器。三端稳压器主要有两种：一种输出电压是固定的，称为固定输出三端稳压器；另一种输出电压是可调的，称为可调输出三端稳压器。其基本原理相同，均采用串联型稳压电路，如图1-7所示。

三端稳压器外观如图1-8所示。

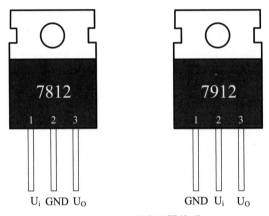

图1-8　三端稳压器外观

常用的固定输出三端稳压器有正电压输出和负电压输出两种。型号78××为正电压输出，引脚1为输入端，引脚2为公共端，引脚3为输出端；79××为负电压输出，引脚1为公共端，引脚2为输入端，引脚3为输出端。其中，××可以是05、06、08、09、10、12、15、18、24等。如7805即输出5 V电压，7912即输出-12 V电压。按输出电流大小来分，型号78H12对应电流为5 A，型号7812对应电流为1.5 A，型号78M12对应电流为0.5 A，型号78L12对应电流为0.1 A。三端稳压器型号众多，使用时可以根据实际情况选取。

三端稳压器只有三个引出端子，具有外接元件少、使用方便、性能稳定、价格低廉等优点，因而得到广泛应用。

使用三端稳压器要注意输入与输出之间的电压差不能过小。以7805为例，该三端稳压器的固定输出电压是5 V，而输入电压至少大于7 V，这样输入/输出之间有2~3 V及以上的压差，使调整管工作在放大区。具体压差取值，可参照器件参数表。但压差取得过大时，又会增加集成块的功耗。所以，两者应兼顾，即既保证在最大负载电流时调整管不进入饱和，又不至于功耗偏大。另外，一般在三端稳压器的输入/输出端接一个电容，用于防止输入端短路时，输出端存储的电荷通过稳压器而损坏器件。

1.1.4　直流稳压电源设计指标及器件选取

设计一个线性直流稳压电源，具体指标如下：

（1）输出电压：+12 V；

（2）输出最大电流：250 mA。

参照图 1-1 可以确定输出 12 V 线性直流电源的电路原理图，如图 1-9 所示。

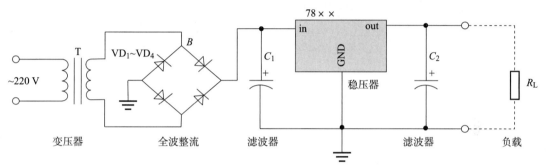

图 1-9　单路输出线性直流稳压电源原理图

根据图 1-9，合理选择二极管（或整流桥）、电容器、三端稳压器、变压器的参数就能得到最终的设计结果。具体的设计步骤为：绘制电路原理图、参数计算及元器件选择。以下介绍关键器件的选择。

1. 三端稳压器的选择

根据设计指标选用稳压器件，如上述设计指标要求输出电压 12 V，最大电流 0.25 A，可选用 7812（输出电压 12 V，输出电流 1.5 A）固定输出三端稳压器。通常要保证三端稳压器的功耗不能太大，取 $U_i - U_o \geq 2$ V，但是也不宜过大。这里，三端稳压器的输入电压 U_i 取 15 V，也就是整流滤波后的输出电压为 15 V。

2. 整流二极管的选择

由式（1.18）可得变压器二次侧电压的有效值 U_2（此时 $U_o = 15$ V，同时也是三端稳压器的输入电压），即

$$U_2 = \frac{U_o}{1.2} = \frac{15}{1.2} = 12.5 \text{ V} \tag{1.21}$$

由稳压电源的设计指标可求出负载的等效阻抗 R_L 为

$$R_L = \frac{12 \text{ V}}{0.25 \text{ A}} = 48 \ \Omega \tag{1.22}$$

根据式（1.20），可得二极管承受电流为

$$I_F > (2 \sim 3)I_o = (2 \sim 3)0.25 \text{ A} = 0.5 \sim 0.75 \text{ A} \tag{1.23}$$

由式（1.16），可得整流二极管的最大反向工作电压为

$$U_R > 1.1 U_{RM} = 1.1 \times \sqrt{2} U_2 \approx 19.45 \text{ V} \tag{1.24}$$

因此可以选择型号为 1N4001 的二极管，最大电流为 1 A，反向工作峰值电压 50 V。或者可选用型号为 2CZ54C 的二极管，最大电流为 0.5 A，反向工作峰值电压 100 V。

3. 滤波电容的选择

根据式（1.17）可得滤波电容值为

$$C \geqslant \frac{(2 \sim 5) T}{2 R_L} = \frac{(2 \sim 5) \ 0.02}{2 \times 48} = 0.000\ 625 \sim 0.001\ 042 \text{ F}$$

$$= 625 \sim 1\ 024 \ \mu\text{F} \tag{1.25}$$

可以根据实际需要来决定滤波电容的大小，如要求纹波电压小些，滤波电容应取大些。此电路中，滤波电容可选择 1 000 μF 电解电容。电容 C 可充电到变压器二次侧的最大值，考虑电网 10% 的波动，电容耐压值可选择 $U_c > 1.1 \sqrt{2} U_2$，即大于 19.45 V。

4. 变压器的变压比

由以上计算结果可得变压器的变压比为（U_1 为电网电压有效值 220 V）

$$n = \frac{U_1}{U_2} = \frac{220 \text{ V}}{12.5 \text{ V}} = 17.6 \tag{1.26}$$

根据设计电流 250 mA 及变压器的二次侧电压有效值 $U_2 = 12.5$ V，可以计算变压器的容量，即

$$U_2 I_2 = 12.5 \text{ V} \times 0.25 \text{ A} = 3.125 \text{ VA} \tag{1.27}$$

考虑小功率电源变压器的效率 $\eta = 0.8$，则变压器容量为

$$\frac{U_2 I_2}{0.8} = \frac{3.125}{0.8} = 3.9 \text{ VA} \tag{1.28}$$

在确定了变压器的结构、形状、次级绕组参数后，就可以找加工方定做变压器了。在仪器仪表结构及性能要求不严格的情况下，有时也可以根据变压器的次级绕组参数，到市场上选购适合设备要求的变压器现成产品，可以选择变压器的输出电压和输出功率比计算值略大。

1.1.5　实验器件及调试步骤

实验中所用器材：线性直流稳压电源电路板一个，变压器一台。所用仪器和设备：示波器一台，万用表一个。

线性直流稳压电源电路板实验原理图如图 1 - 10 所示。

在图 1 - 10 的实验电路图中，J_1 接插件可选择两种整流方式，即 1 与 2 连接为半波整流，2 与 3 连接为桥式整流；J_2 接插件可选择两种不同的滤波电容，即 J_2 不接选择 100 μF/25 V，J_2 连接选择 1 000 μF/25 V 与 100 μF/25 V 并联；J_3 接插件可选择两种不同负载，即 J_3 不接选择 100 Ω 负载，J_3 连接选择 50 Ω 负载（两个 100 Ω 电阻并联）。因此，该实验电路板共有多种工作组合方式。

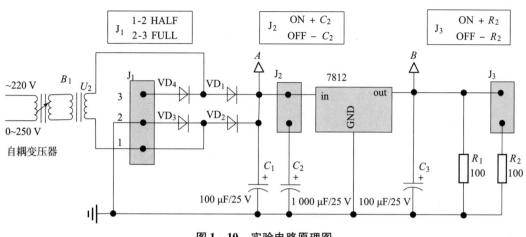

图 1 - 10　实验电路原理图

实验调试步骤如下：

（1）确定整流和滤波电路结构形式。将实验电路板的电源插头与电网 220 V 交流电连接，在不同的整流模式、不同的滤波电容和不同的负载条件下，观察和记录图 1 - 10 中 A 点和 B 点的波形，用数字万用表或示波器测量实际电压数据。测量数据填入表 1 - 1 中。

表 1 - 1　线性直流稳压电源实验测试数据表

J_1	J_2	J_3	A 点电压直流峰、谷值	B 点电压直流峰、谷值	B 点交流峰峰值（纹波）
1 - 2	ON	ON			
2 - 3	ON	ON			
1 - 2	OFF	ON			
2 - 3	OFF	ON			
1 - 2	ON	OFF			
2 - 3	ON	OFF			
1 - 2	OFF	OFF			
2 - 3	OFF	OFF			

　　通过对比表 1 - 1 所列的 8 组不同组合形成的稳压电源工作模式，确定出较好的整流和滤波电路结构形式。首先了解并掌握整流、滤波及负载对稳压电源的影响；然后经比较确定出负载电阻为 50 Ω 时，哪种整流滤波方式最好。

　　（2）测量线性直流稳压电源的相对稳压系数。确定较好的整流和滤波电路结构形式后，测量线性直流稳压电源的相对稳压系数。相对稳压系数测试过程为：将实验电路板的电源插头与交流调压器的输出插座相连接，交流调压器的插头与实验桌插座相连。先使用交流调压器将输入电压调节为 $U_i = 242$ V，测量相应输出电压 U_{o1}（B 点），再调整交流调压器使输入电压变为 $U_i = 198$ V，测量相应输出电压 U_{o2}（B 点），最后将工频电网电压作

为输入电压 $U_i = 220$ V，测出对应的输出电压值 U_o（B 点），则可计算出相对稳压系数 S：

$$S_r = \frac{\Delta U_o / U_o}{\Delta U_i / U_i} = \frac{U_{o1} - U_{o2}}{U_o} \cdot \frac{220}{242 - 198}$$

以上的 242 V 和 198 V 是取自工频电压波动的 ±10%。

思 考 题

1. 整流电路中，全波整流与半波整流时，图 1-10 的 A 点波形有什么区别？为什么全波整流比半波整流的效率高？

2. 三端稳压器的输入端与输出端的压差为什么在设计过程中是至关重要的参数？它相当于稳压电路中的哪一部分？

3. 三极管的饱和压降与集电极电流存在什么关系？要使稳压电源工作正常，调整管（三极管）应工作在哪个区（饱和区、放大区、截止区）？

4. 根据 7812 三端稳压器的稳压原理，能否用它设计一个稳流源？即输出电流不随负载的变化而变化。

5. 设计一个直流 5 V/0.5 A 的线性电源，给出系统组成、主要设计参数及器件计算选型依据。进行仿真，并给出仿真结果。

第 2 章

集成运算放大器的应用

自从第一片商用集成运算放大器问世以来（1965 年），集成运算放大器得到了广泛应用，目前已成为线性集成电路中品种和数量最多的一类。

集成运算放大器是集成电路的一种。集成电路是指在半导体制造工艺的基础上，把整个电路中的元器件制作在一块半导体基片上，构成特定功能的电子电路。集成电路的体积小，性能良好。

集成电路可分为模拟集成电路和数字集成电路。模拟集成电路包括运算放大器、功率放大器、电压比较器、直流稳压器和专用集成电路等。在模拟集成电路中，集成运算放大器是数量最多、应用最广泛的一种。

集成运算放大器是一种具有高电压放大倍数、高输入阻抗和低输出阻抗的多级直接耦合放大电路。与分立元件相比，集成运算放大器具有如下特点。

（1）在集成运算放大器中，所有元器件都处于同一个硅片上，距离非常近，通过同一个工艺过程制作，使得同一个芯片内的元件参数绝对值有相同的偏差，元件之间有较好的对称性和一致性，有利于减小温漂。

（2）在集成运算放大器中，电阻和电容的值不宜做得太大，因而在结构上采用直接耦合方式。

（3）集成电路中常采用差分放大电路，以克服直接耦合电路存在的温漂问题。

（4）采用半导体体电阻作电阻。集成电路中采用三极管（或场效应管）代替电阻、电容和二极管等元器件。

（5）芯片内没有电感。

（6）温度补偿器件多为半导体三极管结构。

（7）经常采用复合管或复合电路。

（8）集成晶体管比集成电阻、电容容易，因此主要用有源器件（晶体管）代替无源器件（电阻、电容等），将无源元件的数量减到最小。

集成运算放大器的主要参数如下。

（1）开环差模电压放大倍数 A_{od}：在集成运算放大器无外加反馈时的差模电压放大倍数，又称为开环差模增益，即

$$A_{od} = \frac{\Delta u_o}{\Delta(u_P - u_N)}$$

式中：A_{od} 常用分贝（dB）表示，其分贝数为 $20\lg|A_{od}|$。集成运算放大器 A_{od} 一般为 $10^4 \sim$

10^7，即 80 ~ 140 dB。

（2）输入失调电压 U_{os} 及其温漂 dU_{os}/dT：由于集成运算放大器的输入级电路参数不可能绝对对称，所以当输入电压为零时，输出电压 u_o 不为零。U_{os} 是使输出电压为零时，在输入端加的补偿电压。U_{os} 越小越好，U_{os} 越小表明电路参数对称性越好。对于有外接调零电位器的集成运算放大器，可以通过改变电位器滑动端的位置使得零输入时输出为零。U_{os} 的值一般为几微伏至几毫伏。

dU_{os}/dT 是 U_{os} 的温度系数，是衡量集成运算放大器温漂的重要参数，该值越小，表明集成运算放大器的温漂越小。

（3）输入失调电流 I_{os} 及其温漂 dI_{os}/dT：集成运算放大器输出直流电压为零时，两个输入端偏置电流的差值定义为输入失调电流，即

$$I_{os} = |I_{B1} - I_{B2}|$$

式中：I_{B1}、I_{B2} 分别为集成运算放大器输入级差放管的基极偏置电流。输入失调电流 I_{os} 反映输入级差放管输入电流的不对称程度。I_{os} 越小越好，一般为几毫安到 1 微安。dI_{os}/dT 和 dU_{os}/dT 的含义类似。I_{os} 和 dI_{os}/dT 越小，表示集成运算放大器的质量越好。

（4）输入偏置电流（I_{IB}）：I_{IB} 是集成运算放大器输入级差放管的基极偏置电流的平均值，即

$$I_{IB} = \frac{1}{2}(I_{B1} + I_{B2})$$

电流 I_{IB} 越小，信号源内阻对集成运算放大器静态工作点的影响越小；I_{IB} 一般为零点几微安。

（5）差模输入电阻 R_{id}：该参数表示集成运算放大器两个输入端之间的差模输入电压变化量与由它引起的差模输入电流之比。在一个输入端测量时，另一端接固定的共模电压。R_{id} 越大越好，R_{id} 越大，从信号源索取的电流越小。

（6）最大输出电压 U_{omax}：指集成运算放大器工作在不失真情况下能输出的最大电压。

（7）最大共模输入电压 U_{icmax}；共模输入电压如超过这个电压，集成运算放大器的共模抑制比将大为下降，甚至造成器件损坏。

（8）最大差模输入电压 U_{idmax}：U_{idmax} 是集成运算放大器同向输入端和反向输入端之间所允许加的最大差模输入电压。超过此差模电压极限值，输入级将损坏。利用平面工艺制成的 NPN 管的 U_{idmax} 约为 ±5V，而横向双极型三极管可达 ±30V 以上。

（9）最大输出电流 I_{omax}：指集成运算放大器所能输出的正向或负向的峰值电流。

（10）共模抑制比 K_{CMR}：共模抑制比等于差模放大倍数 A_{od} 与共模放大倍数 A_{oc} 之比的绝对值，即

$$K_{CMR} = \left| \frac{A_{od}}{A_{oc}} \right|$$

式中：K_{CMR} 常用分贝（dB）表示，其数值为 $20\lg K_{CMR}$。这个指标用于衡量集成运算放大器抑制温漂的能力。K_{CMR} 越大越好，K_{CMR} 越大，对温度影响的抑制能力就越大。多数集成运算放大器的共模抑制比在 80 dB 以上，高质量的可达 160 dB。

（11）转换速率 SR：转换速率又称为上升速率，即

$$SR = \left| \frac{du_o}{dt} \right|$$

它反映集成运算放大器对快速变化信号的响应能力。SR 越大，表明集成运算放大器的高频特性越好。通用型集成运算放大器的 SR 为 $0.5 \sim 100$ V/μs。转换速率 SR 越大，输出才能跟上频率高、幅值大的输入信号变化，否则输入正弦波，输出是三角波。

（12）—3 dB 带宽 f_H：f_H 是使开环差模增益 A_{od} 下降 3 dB（或使电压放大倍数下降到最大值的 70.7%）时的信号频率。

（13）增益带宽积 GBW 和单位增益带宽 f_c：GBW 是开环差模增益 A_{od} 与带宽 f_H 的乘积，即

$$GBW = A_{od} \times f_H$$

式中：GWB 为一个常数；f_c 是开环差模增益 A_{od} 下降到 0 dB（$A_{od} = 1$，失去放大能力）时的信号频率。增益带宽积 GBW 或单位增益带宽 f_c 高时，集成运算放大器适用于视频放大。

（14）功耗 P_d：表示器件在给定电源电压及空载条件下所消耗的电源总功率。

以上性能指标参数在集成运算放大器手册中都可查到。值得指出的是，在理想情况下，运算放大器存在两个重要的结论，即虚短和虚断。在理论推导时，通常采用这两个结论，以便简单明了地得出结论。实际上，不可能十分理想化，所以需要通过实验调试来满足设计指标。

集成运算放大器有多重分类方法，以下分别介绍。

（1）按适用的频率，集成运算放大器可分为直流放大器、音频放大器和视频放大器。直流放大器可对直流到低频信号进行放大，音频放大器可对数十赫到数万赫的低频信号进行放大，视频放大器可对数十赫到数十兆赫的视频信号进行放大。

（2）按芯片的供电方式，集成运算放大器可分为双电源供电、单电源供电或单双电源任选供电。对于双电源供电的集成运算放大器，其输出可在零电压两侧变化（即有正负电压输出），在差动输入电压为零时输出也可置零。采用单电源供电的集成运算放大器，输出单向电压。集成运算放大器的输入电压通常要求高于负电源某一个数值，而低于正电源某一个数值。经过特殊设计的集成运算放大器可以允许输入电压在从负电源到正电源的整个区间变化，甚至允许稍微高于正电源或稍微低于负电源。

（3）按集成度，集成运算放大器可分为单运放放大器、双运放放大器和四运放放大器。集成度即一个芯片上的运算放大器个数。

（4）按电压和电流哪个起主要作用，集成运算放大器可分为电压模式集成运算放大器和电流模式集成运算放大器。电压模式集成运算放大器是模拟电路中普遍使用的器件，开发早，使用多，在模拟信号的处理中占有重要地位；电流模式集成运算放大器以电流而不是电压作为电路中的信号变量，并通过处理电流变量来决定电路的功能。近年来，电流模式集成运算放大器在信号处理中的巨大潜力逐渐被认识并被挖掘出来。

（5）按制造工艺，可将集成运算放大器分为双极型、CMOS 型、BiMOS 型。双极型集

成运算放大器一般输入偏置电流，器件功耗较大；CMOS 型集成运算放大器输入阻抗高、功耗小，可在低电源电压下工作。BiMOS 型集成运算放大器以 MOS 管为输入级，可使输入阻抗高达 10^{12} Ω 以上。

（6）按性能指标，集成运算放大器可分为通用型集成运算放大器和专用型集成运算放大器。

①通用型集成运算放大器。通用型集成运算放大器就是以通用为目的而设计的。这类器件的主要特点是价格低廉、产品量大、使用面广，性能指标能适用于一般性使用。例如，常见的 μA741（单运放放大器）、OP07（单运放放大器）、LM358（双运放放大器）、NE5532（双运放放大器）、LM324（四运放放大器）以及以场效应管为输入级的 LF356（单运放放大器）都属于通用型、目前应用最为广泛的集成运算放大器。

②专用型集成运算放大器。专用型集成运算放大器是指在某一方面的性能指标特别优异的运算放大器，它按特性参数又可分为高速型、高阻型、低漂移型、低功耗型、高压型、大功率型、高精度型、跨导型及低噪声型等。

集成运算放大器可用来产生或变换各种不同的电压波形，如方波、三角波、正弦波等，也可用来进行信号处理，组成各种信号滤波器、交—直流变换器以及各种精密检波器等。除此之外，由于一般的运算放大器输出电流较小，如需要扩大输出电流或输出功率，可以采用集成功率放大器。

本章的目的是通过"运算放大器在波形变换中的应用""运算放大器在信号处理中的应用"以及"运算放大器失调的研究"等典型电路的分析和实验调试，来提高对由集成运算放大器组成的各种不同形式电路的分析能力和实际调试的能力，并根据不同的使用情况选用合适的运算放大器，以便使运算放大器在实际使用中发挥其应有的作用。

在"运算放大器在波形变换中的应用"实验中，学会调试振荡电路的一般方法并掌握集成运算放大器构成的积分器及比较器的应用技术。

在"运算放大器在信号处理中的应用"实验中，根据二阶网络函数的一般表达式，掌握带通和低通滤波器的设计及参数计算方法；理解二阶传递函数中品质因数 Q、截止频率 f_p、中心频率 f_0 和放大倍数 H_0 的含义；掌握各种滤波器性能的测试方法；将来能够根据需要灵活应用滤波器去处理各种信号。

在"几种运算放大器失调的比较与调零"实验中，通过实验观察几种运算放大器的失调现象，加深对输入失调电压的认识；能够使用调零电路并正确对集成运算放大器调零；了解 ICL7650 斩波稳零运算放大器的动态校零技术及运放的应用。

2.1　运算放大器在波形变换中的应用

2.1.1　概述

运算放大器在波形变换中的应用是利用运算放大器来实现各种电压波形，能产生的电压波形包含方波、三角波、矩形波、锯齿波、阶梯波和正弦波等。当波形的正极大值等于负极大值时，该波形为对称波形，否则为不对称波形。电压波形的频率范围与运算放大器的频带宽度有关，使用时应注意运算放大器的参数指标。

矩形波和锯齿波以及方波和三角波，它们之间是相辅相成的，可以由同一个系统模板中产生，其差别在于占空比不同，当占空比为 0.5 时，矩形波变为方波，锯齿波变为三角波。而矩形波和锯齿波在电路中是形影不离的，往往是同时产生的。

阶梯波电压实现的方案很多，它可以由运算放大器和比较控制电路组成，也可以由运算放大器和数字电路组成，或采用采样保持电路等来实现。

正弦波电压既可以采用文氏振荡器，也可以采用全通滤波器（移相电路）来实现。在设计时应注意运算放大器产生振荡的两个基本条件，即：反馈电压信号与输入信号的幅度相同和相位相同。

还有电路集成度更高的，集方波、三角波、矩形波、锯齿波和正弦波于一体的单片函数信号发生器芯片，目前市场上销售的各种函数信号发生器多数采用这类芯片。在这类集成芯片的内部电路中，其显著的特点是：积分电路采用恒流源积分，使三角波的电压波形更趋于线性；波形频率范围较宽，最高频率可达几十兆赫；正弦波在三角波的基础上，无一例外是利用二极管的钳位功能使三角波逐渐转折或逐渐逼近正弦波。因此，此类集成芯片所产生的正弦波波形不可能是完全理想的。

综上所述，在实际应用电路中，应根据具体设计指标，提出最佳性价比的合理设计方案。本次实验通过分析实验电路图，要求学生学会读懂成熟电路图的一般方法和分析过程，尤其是如何读懂和分析振荡电路图。在此基础上，明确该电路能解决怎样的问题，并找出影响电路性能的关键元器件及参数，提出满足设计指标的改进方案。另外，通过实验电路的调试，学会调试振荡电路的一般方法并掌握集成运算放大器构成的积分器及比较器的应用技术。最后，能够正确绘制电路图并列出元件参数表。

2.1.2　实验目的

（1）通过分析实验电路图，学会读懂成熟电路图的一般方法和分析过程；
（2）在分析和读懂振荡电路图的基础上，能够找出影响电路性能的关键元器件及参数；
（3）通过实验电路的调试，学会调试振荡电路的一般方法；
（4）掌握集成运算放大器构成的积分器及比较器的应用技术。

2.1.3　积分电路与比较电路

由于集成运算放大器的增益较高，引入负反馈后很容易满足深度负反馈条件，可实现性能优越的各种数学运算电路，如积分电路。电压比较电路是用来比较输入电压相对大小的电路，广泛应用于波形变换、模/数（A/D）转换、数字仪表、自动检测与控制等方面。下面分别介绍积分电路和比较电路。

2.1.3.1　积分电路

在介绍积分电路之前，先介绍线性应用电路的分析方法。

设集成运算放大器同相输入端和反相输入端的电位分别为 U_+、U_-，电流分别是 I_+、I_-。当理想集成运算放大器工作在线性区时，应满足以下条件。

（1）$U_- \approx U_+$，集成运算放大器两个输入端处于"虚短路"。所谓"虚短路"，是指集成运算放大器的两个输入端电位无穷接近，但不是真正的短路。

（2）$I_- = I_+ \approx 0$，集成运算放大器两个输入端处于"虚断路"。所谓"虚断路"，是指集成运算放大器两个输入端的电流趋于零，但不是真正的断路。

"虚短"和"虚断"是两个非常重要的概念。在分析集成运放线性应用时，"虚短"和"虚断"是分析输入信号和输出信号关系的两个基本出发点。

积分电路是指使输出电压与输入电压的时间积分值成比例的电路。在信号处理电路和有源网络中作模拟运算的积分器常由运算放大器构成。基本积分运算电路如图 2-1 所示。

由图 2-1 可知，积分电路反相端输入，同相端接地。电容元件 C 的电流和电压的关系为

$$i_c = C \frac{\mathrm{d}u_c}{\mathrm{d}t} \qquad (2.1)$$

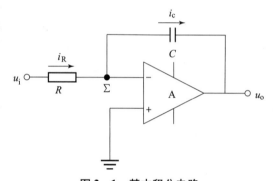

图 2-1　基本积分电路

根据"虚短"和"虚断"的原则，则有 $u_- = u_+ = 0$（同相端接地），电容 C 中的电流等于电阻 R 中的电流，即

$$i_c = i_R = \frac{u_i}{R} \qquad (2.2)$$

输出电压和电容上的电压关系为 $u_o = -u_c$，所以输出电压为

$$u_o = -\frac{1}{C}\int i_c \mathrm{d}t = -\frac{1}{RC}\int u_i \mathrm{d}t \qquad (2.3)$$

如果要计算 $t_1 \sim t_2$ 时间段内的积分值，则式（2.3）变为

$$u_o = -\frac{1}{RC}\int_{t_1}^{t_2} u_i \mathrm{d}t + u_o(t_1) \qquad (2.4)$$

式中，$u_o(t_1)$ 为积分起始时刻 t_1 的输出电压。当输入为阶跃信号、方波信号和正弦信号时，经过积分电路后的输出波形如图 2-2 所示。

如果把积分电路的输出电压作为电子开关或其他类似装置的输入控制电压，则积分电路可以起延时作用，如图 2-2（a）所示。只有当积分电路的输出电压变化到一定值时才能使受控的装置动作。积分电路还可以用在模/数（A/D）转换中，把电压量转换为与之成比例的时间量，电路仍然如图 2-2（a）所示。积分电路可以用作波形变换电路，把输入的方波变成三角波，如图 2-2（b）所示，也可以使正弦输入信号移相，如图 2-2

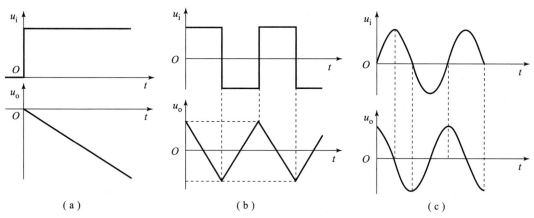

图 2 – 2　积分电路在不同输入信号下的输出波形图

（a）阶跃信号；（b）方波信号；（c）正弦波信号

（c）所示。

若要求得 t_2 时刻积分电路的输出电压，则由式（2.4）可得

$$u_o(t_2) = -\frac{1}{RC}u_i(t_2 - t_1) + u_o(t_1) \tag{2.5}$$

实际上，集成运算放大器会受输入失调电压和失调电流的影响，电容也会有漏电流存在，这些因素会使电路出现积分误差。在实际应用中可选用输入阻抗高、失调电压及失调电流小的运放，电容 C 可选用薄膜电容或聚苯乙烯电容。另外，当信号频率非常低时电容 C 会呈现较大的容抗，这时积分电路的增益会非常大，电路将有可能工作在临界开环状态。因此，实用积分电路常在电容 C 两端并联一个电阻 R_F 以减小低频增益，确保电路始终工作在闭环状态。改进后的积分电路如图 2 – 3 所示。

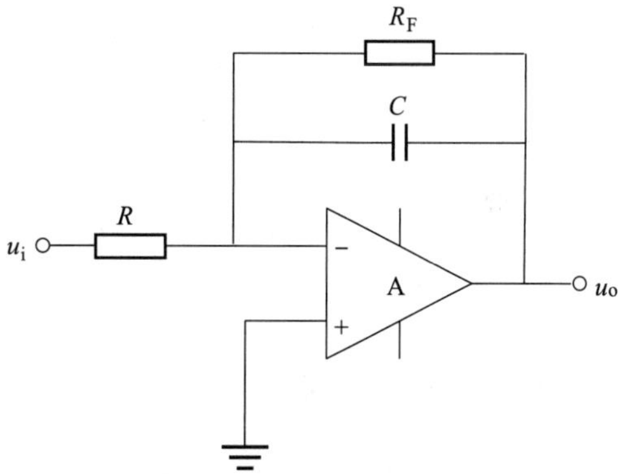

图 2 – 3　改进后的积分电路

2.1.3.2　比较电路

比较电路的功能是比较两个电压（如输入电压 u_i 和参考电压 U_R）的大小，并用输出的高、低电平表示比较结果。电压比较电路在测量、控制以及波形发生等许多方面有着广泛的应用。它的种类很多，如单阈值比较电路、滞回比较电路以及窗口比较电路等。以下重点介绍单阈值比较电路。

单阈值比较电路如图 2 – 4 所示。

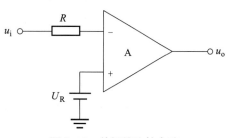

图 2 – 4　单阈值比较电路

设参考电压 $U_R = 0$，当输入电压 u_i 略小于零时，由于集成运算放大器处于开环状态，输出电压将达到正的最大值 U_{OM}。当输入电压 u_i 略大于零时，输出电压将达到负的最大值 $-U_{OM}$。U_{OM} 和 $-U_{OM}$ 分别是集成运算放大器饱和时的正负向输出电压值。

使集成运算放大器输出电压发生跳变的电压称为阈值电压。设定 $U_R = 0$ 的比较电路称为过零比较电路，过零比较电路传输特性如图 2-5 所示。

若参考电压 $U_R \neq 0$，当输入电压 $u_i < U_R$ 时，输出电压为 U_{OM}；当输入电压 u_i 略大于 U_R 时，输出电压为 $-U_{OM}$。单阈值比较电路传输特性如图 2-6 所示。

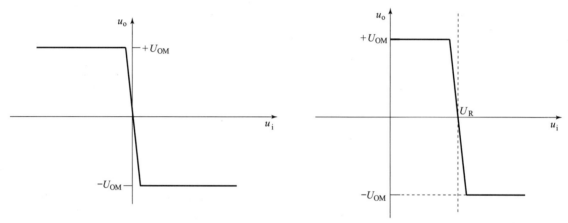

图 2-5 过零比较电路的传输特性   图 2-6 单阈值比较电路传输特性（$U_R \neq 0$）

以上比较电路都是采用反相输入接法，还可根据需要采用同相输入接法。在实际的比较电路中，为了防止因输入电压过大而损坏集成运算放大器输入级的晶体管，常在运放输入端接二极管限幅电路，双向限制运放的输入电压。为了满足负载的需要，常在集成运算放大器的输出端加稳压管限幅电路，从而获得合适的输出电压。

2.1.4 实验电路原理及分析

本次实验电路主要分为三个部分，有三个集成运算放大器，分别构成一个积分电路和两个比较电路，实验的电路原理图如图 2-7 所示。

要找出影响电路性能的关键元件及参数，首先必须分析三个运算放大器各自处于怎样的工作状态；然后再把输入与输出的关系联系起来；最后找出影响电路的关键参数，从而才能在现成的电路中作适当的结构调整或参数的改变来确定符合某个特定波形和性能指标的电路原理图。

由图 2-7 可知，如将两个二极管和两个稳压管开路，那么后两个集成运算放大器处于开环状态，是典型的比较电路。实际上，二极管和稳压管起到了限幅作用，两个二极管相互反向并联连接使运算放大器输出幅度被限制在二极管的导通电压 ±0.7 V，而两个稳压管相互反向串联连接等效为一个具有双极性的稳压管，使得运算放大器的输出幅度被限制在稳压管的稳定电压值（忽略稳压管的正向导通电压 0.7 V）上。下面在分析原理时，

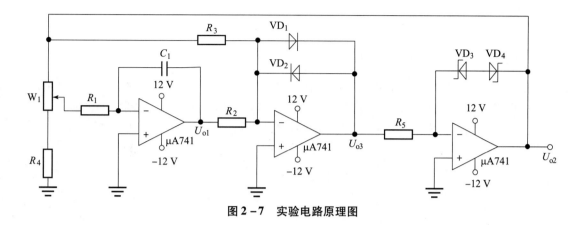

图 2 - 7　实验电路原理图

后两个运算放大器都作为比较器来对待，但有所不同。前一个比较器由第一个运算放大器组成的积分器和后一个比较器的输出经叠加后作为其输入信号；后一个比较器由前一个比较器的输出作为其输入。因此，整个电路由积分器、比较器和两个比较电平的产生三个部分电路所组成。

实验原理图中三个运算放大器输出端的波形如图 2 - 8 所示。

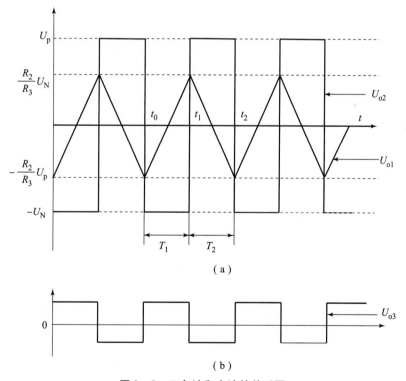

图 2 - 8　三角波和方波的关系图

整个电路的信号由最后一个集成运算放大器构成的比较器产生，利用集成运算放大器的失调通过比较器产生方波信号，如图 2 - 8 中 U_{o2} 所示。然后反馈到第一个集成运算放大器的输入端，依次产生相应特定波形的信号。

2.1.4.1 比较电平的分析计算

中间第二个集成运算放大器组成的比较器反相输入端为两个信号，比较电平是确定矩形波电压维持时间长短的关键。如果本次实验能够顺利地调试成功，关键技术也在于这两个比较电平的调试技术。图 2-9 给出了中间比较器的电路原理图（两个二极管开路）。

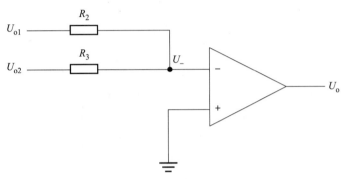

图 2-9　比较电路原理图

如图 2-9 所示，U_{o1} 是积分电路输出的三角波电压，U_{o2} 是第三个运算放大器输出的矩形波电压。需要注意的是，当 U_{o2} 施加恒定不变的电压时，U_{o1} 施加的是线性变化的三角波电压。因此集成运算放大器的反向输入电压 U_- 会存在两个不同的过零点，即有两个过零电压。

下面通过等效电路来求出这两个不同的比较电平。图 2-10 所示为两个比较电平的等效电路图。

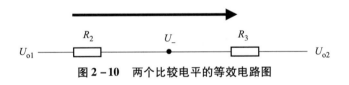

图 2-10　两个比较电平的等效电路图

由欧姆定律可知

$$U_- = \frac{U_{o1} \times R_3 + U_{o2} \times R_2}{R_2 + R_3} \tag{2.6}$$

考虑一般性，设 U_{o2} 输出的矩形波电压的正电平为 U_P，负电平为 $-U_N$。

（1）当 $U_{o2} = U_P$ 时，积分电路充电，U_{o1} 线性下降。由于 U_- 的电平是 U_{o1} 和 U_{o2} 经过 R_2 与 R_3 叠加后的电平值，所以随着 U_{o1} 的下降 U_- 也下降。这时，只要积分时间常数（$\tau = RC$）合适，U_{o1} 存在某个值，使得 U_- 刚过零（比零略小）时，U_{o2} 的输出由 U_P 突变为 $-U_N$，U_{o3} 的输出为正的最大值。

（2）当 $U_{o2} = -U_N$ 时，积分电路开始放电，U_{o1} 线性增加，U_- 的电平自然又随着 U_{o1} 的增加而上升。同样 U_{o1} 存在某个值，使得 U_- 刚过零（比零略大）时，U_{o2} 又发生突变，

由 $-U_N$ 变为 U_P，U_{o3} 的输出为负的最大值。这样，周而复始，积分电路时而充电时而放电，输出波形如图 2-8 所示。

由以上分析可知，波形发生反转的时刻，恰好在 U_- 刚过零的时刻。此时 U_{o1} 对应的电位值定义为该电路的两个比较电平值，由式 (2.6) 可得

$$U_{o1} = -\frac{U_{o2} \times R_2}{R_3} \tag{2.7}$$

当 $U_{o2} = U_P$，$U_{o2} = -U_N$ 时，分别代入式 (2.7) 可得

$$U_{o1} = -\frac{R_2}{R_3}U_P, U_{o1} = \frac{R_2}{R_3}U_N \tag{2.8}$$

2.1.4.2　电路的振荡周期和频率

1. 振荡周期分析与计算

实验电路中间的比较器输入信号如图 2-11 所示。

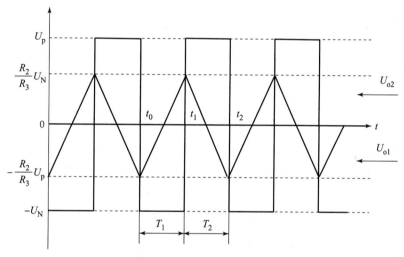

图 2-11　比较器的输入信号

图 2-11 中，在 $t_0 < t < t_1$ 时间内，若积分电路的输入电压 U_{o2} 为 $-\alpha U_N$（这里的 α 为分压比，如图 2-7 所示，调节电位器 W_1，可改变分压比 α），U_{o1} 线性增加。在 t_0 和 t_1 时刻，积分器的输入为 $U_i = -\alpha U_N$，输出电压为

$$U_o(t_0) = -\frac{R_2}{R_3}U_P, U_o(t_1) = \frac{R_2}{R_3}U_N \tag{2.9}$$

将积分器的输入和式 (2.9) 代入式 (2.5)，可得

$$\frac{R_2}{R_3}U_N = \frac{\alpha U_N}{R_1 C_1}T_1 - \frac{R_2}{R_3}U_P \tag{2.10}$$

整理式 (2.10) 可得

$$T_1 = \frac{R_2}{R_3}(U_P + U_N)\frac{R_1 C_1}{\alpha U_N} \tag{2.11}$$

同样，在 $t_1 < t < t_2$ 时间内，若积分电路的输入电压 U_{o2} 为 αU_P（这里的 α 为分压比，如图 2-7 所示，调节电位器 W_1，可改变分压比 α），U_{o1} 线性减小。在 t_1 和 t_2 时刻，积分器的输入为 $U_i = \alpha U_P$，输出为

$$U_o(t_1) = \frac{R_2}{R_3}U_N, U_o(t_2) = -\frac{R_2}{R_3}U_P \tag{2.12}$$

将积分器的输入和式（2.12）代入式（2.5），可得

$$-\frac{R_2}{R_3}U_P = -\frac{\alpha U_P}{R_1 C_1}T_2 + \frac{R_2}{R_3}U_N \tag{2.13}$$

整理式（2.13）可得

$$T_2 = \frac{R_2}{R_3}(U_P + U_N)\frac{R_1 C_1}{\alpha U_P} \tag{2.14}$$

由以上分析可知，T_1、T_2 分别是三角波电压上升时间（在 $-U_N$ 的作用下）和三角波电压下降时间（在 U_P 的作用下）。三角波电压上升时间和下降时间相加为三角波的周期，也是整个电路的振荡周期，即

$$T = T_1 + T_2 = \frac{R_2}{R_3}\frac{R_1 C_1}{\alpha}(U_P + U_N)\left(\frac{1}{U_P} + \frac{1}{U_N}\right) = \frac{R_2}{R_3}\frac{R_1 C_1}{\alpha}\frac{(U_P + U_N)^2}{U_P U_N} \tag{2.15}$$

2. 讨论

当 R_2、R_3、R_1、C_1 和 α 的参数确定之后，有如下特性：

（1）若 $U_P > U_N$ 时，$T_1 > T_2$，U_{o1} 的波形上升时间大于下降时间；

（2）若 $U_P < U_N$ 时，$T_1 < T_2$，U_{o1} 的波形上升时间小于下降时间；

（3）若 $U_P = V_N$，$T_1 = T_2$，U_{o1} 的波形上升时间等于下降时间。

也就是说，前两种情况，U_{o1} 的输出波形为锯齿波，U_{o2} 的输出波形为矩形波。后一种情况，U_{o1} 的输出波形为三角波，U_{o2} 的输出波形为方波，此时，三角波和方波的振荡周期为

$$T = \frac{4R_2}{R_3}\frac{R_1 C_1}{\alpha} \tag{2.16}$$

由于 $U_P = U_N$，所以三角波的波形对称，峰值电压和谷值电压分别为

$$U_{o1} = \pm\frac{R_2}{R_3}U_P = \pm\frac{R_2}{R_3}U_N \tag{2.17}$$

由此可得出如下结论。

（1）输出电压 U_{o2} 被钳制在相同的正负电压值时，U_{o1} 输出三角波，U_{o2} 输出方波。若 R_2 与 R_3 的比值改变，则同时改变了波形的周期和三角波的峰-峰值。若 $R_2 = R_3$，则三角波和方波的周期和频率可简化为

$$T = \frac{4R_1 C_1}{\alpha}, f = \frac{\alpha}{4R_1 C_1} \tag{2.18}$$

调节实验电路中的电位器 W_1，可改变分压比 α，即可改变信号输出频率。

（2）若输出电压 U_{o2} 分别被钳制在不同的正负电压值时，可改变输出波形占空比，即 U_{o1} 将输出锯齿波，而 U_{o2} 将输出矩形波，两种波形也将不再对称。

2.1.5 电路设计与计算

1. 设计指标

（1）三角波和方波的频率范围为 0.5~2 kHz。

（2）输出幅度为 ±5 V。

2. 计算

（1）根据输出幅度要求，取 5.1 V 的 1N751 稳压二极管，使得方波输出分别被钳位在 ±5.1 V 上；取 $R_2 = R_3 = 1$ kΩ，使得三角波输出峰值电压为 5.1 V、谷值电压为 −5.1 V。

（2）由式（2.18）可知，当 $f = 2$ kHz 时，取 $\alpha = 1$、$C_1 = 0.01$ μF，则 $R_1 = 12.5$ kΩ，取 $R_1 = 12$ kΩ。

（3）当 $f = 500$ Hz，$R_1 = 12.5$ kΩ，$C_1 = 0.01$ μF 时，由式（2.18）可得，分压比 $\alpha = 0.25$。所以可以取 $W_1 = 3$ kΩ、$R_4 = 1$ kΩ。

2.1.6 实验器件及调试步骤

实验中所用元器件：集成运算放大器 μA741 共三个、二极管两个、稳压管两个、12 kΩ 电阻一个、1 kΩ 电阻四个（R_2、R_3、R_4、R_5）、3 kΩ 滑动变阻器一个、0.01 μF 电容一个。

所用仪器和设备有示波器、直流电源各一台，数字万用表和面包板各一块。

调试电路均在面包板上进行，实验调试步骤如下。

（1）根据计算出的电阻和电容值，选取相应的电阻器、电位器、电容器及三个 μA741 运算放大器，在面包板上按图 2−7 实验电路原理图，经合理的元器件分布，连接好调试电路（注意，μA741 使用 12 V 电源，引脚 7 接 12 V，引脚 4 接 −12 V）。

（2）通电以后，如没有波形输出，检测三个运算放大器的输出电位。例如，三个运算放大器的输出电压极性逐个反相，则说明运算放大器工作正常，否则可能有运算放大器损坏或引脚连接不可靠，若为后者，需检查连线，使其工作正常。

（3）在运算放大器工作正常的情况下，如果还是没有波形输出，一般存在着两种可能，一种原因是积分电路输出电压趋于饱和（已接近于电源电压），这也就说明了积分时间常数（$\tau = R_1 C_1$）过大，需要改变积分时间常数；另一种原因是比较电平不合适，也就是说，R_2 和 R_3 的比值不合适。

（4）调试成功后，自拟方案使该电路产生锯齿波和矩形波。

思 考 题

1. 由以上的分析讨论可知，改变 U_N 和 U_P 的电压可调节输出矩形波的占空比，那么，能否在该电路的基础上，作些相应的改变，使 U_N 和 U_P 的电压值可调？

2. 除了上述的方法之外，是否还存在其他方案，同样可改变输出矩形波的占空比？试举例仿真说明。

3. 电路中第二个运算放大器为什么要加二极管限幅？图中的 R_5 起什么作用？

4. 如果要使该电路产生 20 kHz 振荡频率的不失真三角波和方波，则该电路将如何改动？仿真说明。

2.2　运算放大器在信号处理中的应用

2.2.1　概述

光电信息是属于变化比较缓慢的直流量，且信号一般都比较微弱。在光电仪器设备中往往需要将光电传感器探测到的信号进行放大处理后再模拟显示，或者进行数字处理与显示。所以，前期的放大处理至关重要。从光电传感器到后处理的显示记录等，放大处理是中间环节，也是影响仪器性能的关键技术所在。图 2 – 12 展示了信号放大处理的两种方案。图 2 – 12（a）的直流放大的方法比图 2 – 12（b）的交流/直流放大的方法要简单，但直流放大器存在一定的零点漂移，经多级放大后有可能使真正的信号被零点漂移所淹没。

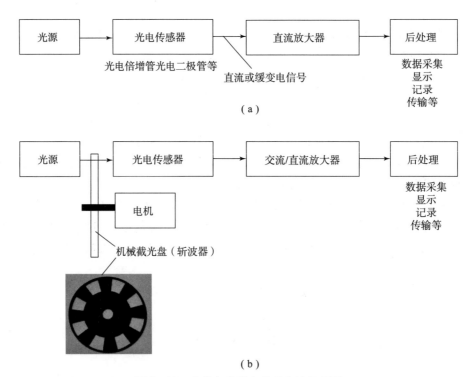

（a）

（b）

图 2 – 12　光信息的放大处理方法示意图

（a）光信息的直流放大方法示意图；（b）光信息的交流 – 直流放大方法示意图

为克服零点漂移带来的影响，采用"交流/直流放大"方案是行之有效的方法之一，即采用"交流调制－光电传感器－交流/直流放大－后处理"模式的方案，来克服零点漂移、低频噪声和背景光的干扰等。

在图 2－12（b）中，除了中间环节采用交流－直流放大器之外，在光路中采用了截光盘截光，使直流量变为交流量，而截光盘由具有一定转速的电机匀速驱动，以便获得一定频率的交流信息。交流信号的频率是电机的转速和截光盘的通光孔数目的乘积。截光盘中的通光孔直径比光束直径大，则能获得近似于方波的信号。截光盘中的通光孔直径比光束直径小或等于光束直径，则能获得近似于正弦波的信号。图 2－12（b）所示为一种截光盘的照片，照片中均匀分布的通光孔近似于梯形，也可以是其他形状的通光孔。

从上面的分析可知，通过截光盘截光和光电传感器的转换，可以使变化较缓慢的光信号（近似直流量）变为具有一定频率的单方向方波电压信号，该信号的幅度或者该信号在一个周期内的平均幅度对应了该时刻光信号的大小。

本次实验内容重点在于如何将方波电压信号变为平缓的直流信号（其大小对应光信号的大小），实现其处理方案的关键技术是带通滤波电路（选频放大器）、低通滤波电路和线性检波电路的设计与计算等。

2.2.2　实验目的

（1）根据二阶网络函数的一般表达式，掌握带通和低通滤波电路参数的计算方法；

（2）理解二阶传递函数中品质因数 Q、截止频率 f_p 或中心频率 f_0 和放大倍数 A_{up} 的含义；

（3）学会应用运算放大器来实现交流信号的检波方法；

（4）掌握各种滤波电路性能的测试方法；

（5）将来能够根据需要灵活应用滤波电路处理各种信号。

2.2.3　二阶无限增益多路反馈有源滤波电路

对信号的频率具有选择性的电路叫滤波电路，滤波电路的基本功能是允许一定频率范围内的信号通过电子电路，而对不需要的频率分量尽可能抑制或削弱。滤波电路在通信测量和控制系统中应用广泛。按处理信号的不同，滤波电路可分为模拟滤波电路和数字滤波电路。模拟滤波电路按构成元件的不同又可分为有源滤波电路和无源滤波电路。采用无源器件如电阻、电容和电感组成的滤波电路称为无源滤波器电路；采用除电感之外的无源元件，以及包含双极型晶体管、场效应晶体管、集成运算放大器等有源元件组成的滤波电路称为有源滤波电路。无源滤波器电路在带有负载时，通带增益以及截止频率都随负载而变化。与无源滤波器电路相比，有源滤波器电路在体积、重量、成本等方面具有一定优势。同时，在集成运放功耗允许的情况下，增益与频率特性不会随着负载的变化而变化。有源滤波器电路必须在合适的直流电源供电情况下才能实现滤波功能，同时还可以实现对信号的放大，所以相比于无源滤波器电路，有源滤波器电路更适用于信号处理。

滤波电路的阶数，指的是滤波电路传递函数中分母表达式是几次方程式。若为一次方程式，则称为一阶滤波电路；若为二次方程式，则称为二阶滤波电路；若为高次方程式，则为高阶滤波电路。高阶滤波电路可以采用多个二阶滤波器串联连接而成，因此二阶滤波电路在信号处理领域应用更广泛。

通常，把允许通过滤波电路的信号频段称为通带（通频段），滤波电路要加以抑制或削弱的信号频段称为阻带。对于理想的滤波电路，在通带内，滤波电路增益或传输系数（输出量与输入量之比）应保持为常数。在阻带内，滤波电路的增益应该为零或很小。常见滤波电路的理想幅频特性应该是矩形，如图 2 - 13 所示，分别是低通滤波电路（LPF）、高通滤波电路（HPF）、带通滤波电路（BPF）和带阻滤波电路（BEF）的理想幅频特性。

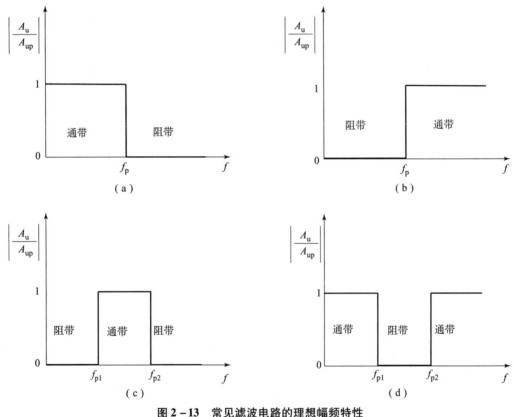

图 2 - 13   常见滤波电路的理想幅频特性

（a）低通；（b）高通；（c）带通；（d）带阻

实际上，任何一个滤波电路都不可能具有图 2 - 13 所示的理想幅频特性。以低通滤波电路为例，实际的幅频特性如图 2 - 14 所示。

定义 A_{up} 为通带放大倍数，即输出电压与输入电压的比值，使 $|A_u| \approx 0.707|A_{up}|$ 的频率 f_p 为通带截止频率，从 f_p 到 A_u 接近零的频段称为过渡带。通常情况下，滤波电路的设

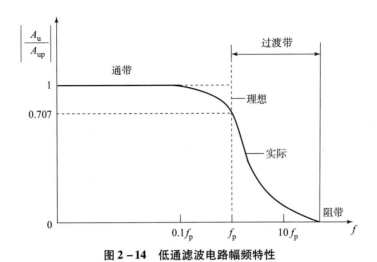

图 2-14　低通滤波电路幅频特性

计就是把过渡带做得尽可能窄，使滤波器最大程度接近理想滤波器。

　　常用滤波电路有压控电压型滤波电路、无限增益多路反馈型滤波电路等，输入信号从运算放大器的同相输入端输入，称为压控电压源滤波电路；输入信号从运算放大器的反相输入端输入，称为二阶无限增益多路反馈滤波电路。下面重点介绍无限增益多路反馈二阶滤波电路，其基本结构如图 2-15 所示。

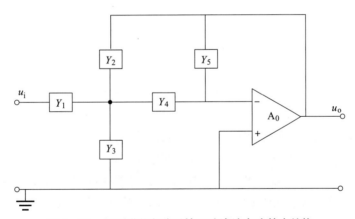

图 2-15　无限增益多路反馈二阶滤波电路基本结构

无限增益多路反馈型滤波电路的传递函数为

$$A(s) = \frac{-Y_1 Y_4}{(Y_1 + Y_2 + Y_3 + Y_4) Y_5 + Y_2 Y_4 + \frac{1}{A_0}\left[(Y_4 + Y_5)(Y_1 + Y_2 + Y_3) + Y_2 Y_4\right]}$$

$$(2.19)$$

式中：A_0 为集成运算放大器的开环增益，一般取 $A_0 \to \infty$，则式（2.19）可化简为

$$A(s) = \frac{-Y_1 Y_4}{(Y_1 + Y_2 + Y_3 + Y_4) Y_5 + Y_2 Y_4}$$

$$(2.20)$$

式中：$Y_1 \sim Y_5$ 为元件的复导纳。只要 5 个元件中任意两个是电容，即可构成二阶滤波电路。当 $Y_1 \sim Y_5$ 取不同器件时，即可组成各种类型滤波电路。

（1）二阶无限增益多路反馈低通滤波电路：Y_1、Y_2、Y_4 取电阻，Y_3、Y_5 取电容；

（2）二阶无限增益多路反馈高通滤波电路：Y_3、Y_5 取电阻，Y_1、Y_2、Y_4 取电容；

（3）二阶无限增益多路反馈带通滤波电路：Y_1、Y_3、Y_5 取电阻，Y_2、Y_4 取电容；

二阶滤波电路传递函数的一般形式如表 2 - 1 所示。

表 2 - 1　二阶滤波电路传递函数一般形式

滤波电路功能	传递函数的一般形式
低通	$A(s) = \dfrac{A_{up}\omega_0^2}{s^2 + \dfrac{\omega_0}{Q}s + \omega_0^2}$
高通	$A(s) = \dfrac{A_{up}s^2}{s^2 + \dfrac{\omega_0}{Q}s + \omega_0^2}$
带通	$A(s) = \dfrac{A_{up}\dfrac{\omega_0}{Q}s}{s^2 + \dfrac{\omega_0}{Q}s + \omega_0^2}$
带阻	$A(s) = \dfrac{A_{up}(s^2 + \omega_0^2)}{s^2 + \dfrac{\omega_0}{Q}s + \omega_0^2}$

表 2 - 1 中，$A(s)$ 为传递函数，$s = j\omega$，A_{up} 为通带增益，ω_0 为截止角频率或中心角频率，Q 为滤波电路的品质因数，如将 $j\omega$ 代入传递函数，可分别得到它们各自的幅频特性函数和相频特性函数。从以上四种滤波电路的传递函数可以看出，四种函数的分母基本形式是一致的，区别仅在于分子部分中 s 的次数是否为 0、1、2 及其组合。四种滤波电路之间互有联系，将 LPF 中起滤波作用的电阻和电容对调即可变成 HPF。将 LPF 和 HPF 串联起来，如参数合适可成为 BPF；将二者并联起来，如参数合适可成为 BEF。

设计滤波电路时通常给定截止频率、通带增益、品质因数等性能指标，滤波电路的设计任务是根据给定的性能指标选定电路形式和确定电路的元器件。具有理想特性的滤波电路是很难实现的，只能用实际特性去逼近，即必须对理想特性进行一定的修改，用具有可实现性的传递函数来描述所需的性能指标，使其性能在一定的误差范围内能满足要求，使设计电路的幅频特性、相频特性与所设计的电路特性近似。

2.2.4　实验电路原理及分析

本次实验的电路原理图如图 2 - 16 所示。从电路原理图可以看出，本次实验电路主要分为三个部分,分别是带通滤波电路、线性检波电路和低通滤波电路。实验电路中有三个运算放大器,分别构成不同功能:第一个运算放大器和第三个运算放大器各自组成的两端网络分别为带通滤波电路和低通滤波电路,它们都是二阶无限增益多路反馈滤波电路;第二个运算放大器为线性检波器。每一个运算放大器组成的电路原理都具有各自的独立性,以下分别予以介绍。

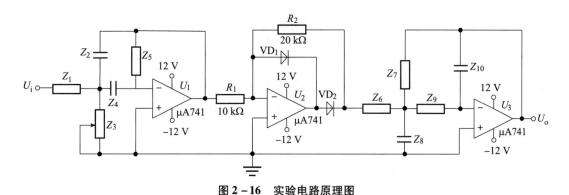

图 2 - 16　实验电路原理图

2.2.4.1　二阶无限增益多路反馈低通滤波电路

二阶无限增益多路反馈低通滤波电路如图 2 - 17 所示。

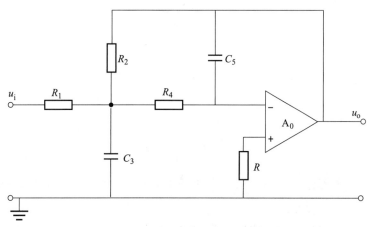

图 2 - 17　二阶无限增益多路反馈低通滤波电路

对比图 2 - 15,5 个元件的导纳分别为 $Y_1 = 1/R_1$、$Y_2 = 1/R_2$、$Y_3 = j\omega C_3$、$Y_4 = 1/R_4$、$Y_5 = j\omega C_5$,则构成二阶无限增益多路反馈低通滤波电路,将它们代入式 (2.20),可得

$$A(s) = \frac{-\dfrac{1}{R_1 R_4 C_3 C_5}}{s^2 + \dfrac{1}{C_3}\left(\dfrac{1}{R_1} + \dfrac{1}{R_2} + \dfrac{1}{R_4}\right)s + \dfrac{1}{R_2 R_4 C_3 C_5}} \tag{2.21}$$

式 (2.21) 与二阶滤波电路传递函数的一般表达式 (表 2 - 1) 中的低通滤波电路类

似。与表 2 - 1 中一般表达式对比，可得二阶无限增益多路反馈低通滤波电路的主要参数如下：

$$\begin{cases} \omega_0 = \dfrac{1}{\sqrt{R_2 R_4 C_3 C_5}} \\[3mm] \dfrac{\omega_0}{Q} = \dfrac{1}{C_3}\left(\dfrac{1}{R_1} + \dfrac{1}{R_2} + \dfrac{1}{R_4}\right) \end{cases} \tag{2.22}$$

$$Q = (R_1 /\!/ R_2 /\!/ R_4)\sqrt{\dfrac{C_3}{R_2 R_4 C_5}} \tag{2.23}$$

$$A_{up}\omega_0^2 = -\dfrac{1}{R_1 R_4 C_3 C_5}, \quad A_{up} = -\dfrac{R_2}{R_1} \tag{2.24}$$

式（2.23）中，$R_1 /\!/ R_2 /\!/ R_4$ 为三个电阻并联，$\omega_0 = 2\pi f_0$。二阶无限增益多路反馈低通滤波电路的幅频特性曲线如图 2 - 18 所示。

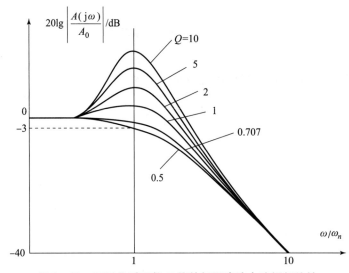

图 2 - 18　不同品质因数 Q 值的低通滤波电路幅频特性

品质因数 Q 的物理意义是 $\omega = \omega_0$ 处电压增益与通带增益之比。由图 2 - 18 可知，滤波电路的特性与品质因数 Q 相关。

当 $Q > \sqrt{2}/2\ (0.707)$ 时，滤波电路的幅频特性曲线有峰值，峰值的大小与 Q 值相关。Q 值越大，尖峰越高。当 $Q \to \infty$ 时，电路将产生自激振荡。这种幅频特性有起伏的滤波电路称为切比雪夫（Chebyshev）型滤波器。这种滤波器虽然在通带有起伏，但是在过渡带衰减速度较快。

当 $Q \le \sqrt{2}/2$ 时，滤波电路的幅频特性曲线不出现峰值，但 Q 值越小，幅频特性曲线下降得越早，即在通频带内下降严重。

因此，$Q = \sqrt{2}/2$ 是一个临界值，Q 超过该值时，幅频特性曲线出现峰值；小于该值时幅频特性下降剧烈。因此，当 $Q = \sqrt{2}/2$ 时所得到的幅频特性曲线时最平坦的，既无峰值，

在 $\omega \leqslant \omega_0$ 的频域下降量又最小。一般将 $Q = \sqrt{2}/2$ 对应的滤波器称为巴特沃斯（Butterworth）型滤波器。

2.2.4.2　二阶无限增益多路反馈带通滤波电路

二阶无限增益多路反馈带通滤波电路如图 2-19 所示。

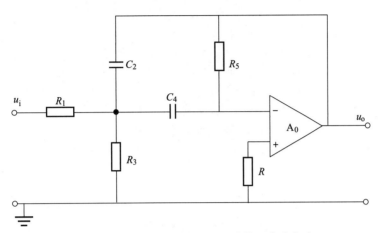

图 2-19　二阶无限增益多路反馈带通滤波电路

对比图 2-15，5 个元件的导纳分别为 $Y_1 = 1/R_1$、$Y_2 = j\omega C_2$、$Y_3 = 1/R_3$、$Y_4 = j\omega C_4$、$Y_5 = 1/R_5$，则构成二阶无限增益多路反馈带通滤波电路，将它们代入式（2.20），可得

$$A(s) = \dfrac{-\dfrac{1}{R_1 C_2}s}{s^2 + \dfrac{1}{R_5}\left(\dfrac{C_2 + C_4}{C_2 C_4}\right)s + \dfrac{1}{C_2 C_4 R_5}\left(\dfrac{1}{R_1} + \dfrac{1}{R_3}\right)} \tag{2.25}$$

式（2.25）与二阶滤波电路传递函数的一般表达式（表 2-1）中的带通滤波电路类似。与表 2-1 中一般表达式对比，可得二阶无限增益多路反馈带通滤波电路的主要参数如下：

$$\begin{cases} \omega_0 = \sqrt{\dfrac{1}{C_2 C_4 R_5}\left(\dfrac{1}{R_1} + \dfrac{1}{R_3}\right)} \\ \dfrac{\omega_0}{Q} = \dfrac{1}{R_5}\left(\dfrac{C_2 + C_4}{C_2 C_4}\right) \end{cases} \tag{2.26}$$

$$Q = \omega_0 \dfrac{C_2 C_4 R_5}{C_2 + C_4} \tag{2.27}$$

$$A_{up}\dfrac{\omega_0}{Q} = -\dfrac{1}{R_1 C_2}, \quad A_{up} = -\dfrac{C_4 R_5}{R_1(C_2 + C_4)} \tag{2.28}$$

2.2.4.3　线性检波电路

线性检波电路原理如图 2-20 所示。它的工作原理主要是利用二极管的单向导电性来实现检波。由图可知，当输入信号 U_i 为正半周时，二极管 VD_1 首先导通，运放输出被钳制在负电位，二极管 VD_2 截止，输出为零电位；当输入信号 U_i 为负半周时，二极管 VD_2 首先导通，VD_1 被截止，输出信号与输入信号反相，其放大倍数由 R_f/R_1 决定。简单地说，就是在正半周输入时电路无输出，负半周输入时有输出并与输入反相。由此可知，该电路为半波整流电路。

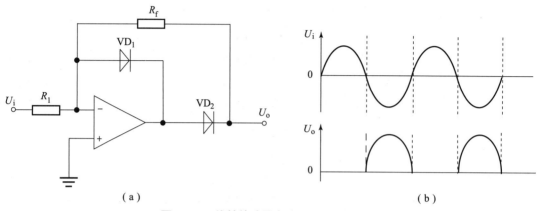

(a)　　　　　　　　　　　　　　(b)

图 2－20　线性检波器电路原理图及波形图

(a) 线性检波电路原理图；(b) 输入/输出波形比较

2.2.5　二阶无限增益多路反馈滤波电路的设计与计算

表 2－2 列出了二阶无限增益多路反馈滤波器的特性参数及计算公式，设计滤波器时可以按表中公式进行设计计算。

表 2－2　二阶无限增益多路反馈滤波器的网络特性函数与元件参数计算表

滤波器	滤波器特性函数	滤波器参数计算公式	备注
BPF	$\omega_0^2 = \dfrac{1}{R_5 C_2 C_4}\left(\dfrac{1}{R_1} + \dfrac{1}{R_3}\right)$ $\dfrac{\omega_0}{Q} = \dfrac{1}{R_5}\left(\dfrac{C_2 + C_4}{C_2 C_4}\right)$ $A_{up}\dfrac{\omega_0}{Q} = -\dfrac{1}{R_1 C_2}$	$R_5 = \dfrac{2Q}{\omega_0 C}$ $R_3 = \dfrac{Q}{(2Q^2 - A_{up})\omega_0 C}$ $R_1 = \dfrac{Q}{A_{up}\omega_0 C}$	(1) 设 $C_2 = C_4 = C$； (2) Q、A_{up} 和 ω_0 为设计指标
LPF	$\omega_0^2 = \dfrac{1}{R_2 R_4 C_3 C_5}$ $\dfrac{\omega_0}{Q} = \dfrac{1}{C_3}\left(\dfrac{1}{R_1} + \dfrac{1}{R_2} + \dfrac{1}{R_4}\right)$ $A_{up}\dfrac{\omega_0}{Q} = -\dfrac{1}{R_1 R_4 C_3 C_5}$	$R_4 = \dfrac{a}{2\omega_0 C}\left[1 \pm \sqrt{1 - \dfrac{4(1 + A_{up})}{a^2 \mu}}\right]$ $R_2 = \dfrac{a}{2\omega_0 C}\left[1 \mp \sqrt{1 - \dfrac{4(1 + A_{up})}{a^2 \mu}}\right]$ $R_1 = \dfrac{R_2}{A_{up}}$	(1) 设 $C_3 = \mu C_5 = \mu C$；μ 的选择应确保根号有意义； (2) a 是 Q 的倒数； (3) Q、A_{up} 和 ω_0 为设计指标

滤波器	滤波器特性函数	滤波器参数计算公式	备注
HPF	$\omega_0^2 = \dfrac{1}{R_3 R_5 C_2 C_4}$ $\dfrac{\omega_0}{Q} = \dfrac{1}{C_2 C_4 R_5}(C_1 + C_2 + C_4)$ $A_{up}\dfrac{\omega_0}{Q} = -\dfrac{C_1}{C_2}$	$C_2 = \dfrac{a}{2\omega_0 R}\left[1 \pm \sqrt{1 - \dfrac{4(1 + A_{up})}{a^2 \mu}}\right]$ $\dfrac{1}{1 + A_{up}}$ $C_4 = \dfrac{a}{2\omega_0 C_5}\left[1 \mp \sqrt{1 - \dfrac{4(1 + A_{up})}{a^2 \mu}}\right]$ $C_1 = A_{up} C_2$	（1）$R_5 = \mu R_3$，μ 的选择应确保根号有意义； （2）a 是 Q 的倒数； （3）Q、A_{up} 和 ω_0 为设计指标

在设计二阶无限增益多路反馈滤波器时，根据设计指标给出的中心频率 f_0（$\omega_0 = 2\pi f_0$）或截止频率 f_p，品质因素 Q 和放大倍数 A_{up}，按照表 2 - 2 给出的方法来计算外部的 5 个元件参数，通常是先选择电容参数值，再计算其余三个电阻值。表 2 - 3 列出中心（截止）频率 f_0 与电容值的选择参考对照表。

表 2 - 3　中心（截止）频率与所选电容的参考对照表

f_0	10 ~ 100 Hz	$10^2 \sim 10^3$ Hz	$10^3 \sim 10^4$ Hz	$10^4 \sim 10^5$ Hz	$10^5 \sim 10^6$ Hz
C	10 ~ 0.1 μF	0.1 ~ 0.01 μF	0.01 ~ 0.001 μF	1 000 ~ 100 pF	100 ~ 10 pF

1. 低通滤波器（LPF）的参数计算

二阶低通滤波器的设计指标为：截止频率 $f_p = 200$ Hz、品质因素 $Q = 2^{-1/2}$、放大倍数（通带增益）$A_{up} = 1$。

首先根据滤波器的特征频率选取电容 C。由表 2 - 3 可选 $C = 0.01$ μF。由表 2 - 2 可知，$C_3 = \mu C_5 = \mu C$，故 $C_5 = 0.01$ μF。若取 $\mu = 10$，则 $C_3 = 0.1$ μF。参数 $a = 2^{1/2}$，则由表 2 - 2 低通滤波器参数计算公式可分别解得

$$R_4 = 6.34 \text{ k}\Omega，取 6.2 \text{ k}\Omega（表 2 - 2 中公式中取 “ - ”）$$
$$R_2 = 99.84 \text{ k}\Omega，取 100 \text{ k}\Omega（表 2 - 2 中公式中取 “ + ”）$$
$$R_1 = 99.84 \text{ k}\Omega，取 100 \text{ k}\Omega$$

二阶无限增益多路反馈低通滤波器的 5 个参数都已确定，则滤波器设计完毕。

2. 带通滤波器（BPF）的参数计算

二阶带通滤波器的设计指标为：中心频率 $f_0 = 1\ 000$ Hz、品质因素 $Q = 10$、放大倍数（通带增益）$A_{up} = 1$。

根据滤波器的特征频率选取电容 C。由表 2 - 3 可选 $C = 0.1$ μF。由表 2 - 2 中 BPF 参数计算公式，若取 $C_2 = C_4 = C = 0.1$ μF，则由带通滤波器参数计算公式可分别解得

$$\begin{cases} R_5 = 31.8 \text{ k}\Omega，取 33 \text{ k}\Omega \\ R_3 = 80 \ \Omega，取 100 \ \Omega 的电位器，调节电位器可调节中心频率 \\ R_1 = 15.9 \text{ k}\Omega，取 16 \text{ k}\Omega \end{cases}$$

二阶无限增益多路反馈带通滤波器的 5 个参数都已确定，则滤波器设计完毕。

2.2.6　实验器件及调试步骤

实验中所用元器件：集成运算放大器 μA741 三个、二极管两个、100 kΩ 电阻两个、33 kΩ 电阻一个、20 kΩ 电阻一个、16 kΩ 电阻一个、10 kΩ 电阻一个、6.2 kΩ 电阻一个、100 Ω 滑动变阻器一个、0.1 μF 电容三个、0.01 μF 电容一个。

所用仪器和设备：示波器、信号发生器、直流电源各一台，数字万用表和面包板各一块。

调试电路均在面包板上进行，实验调试步骤如下。

1. 滤波电路的调试和检测

（1）按图 2−16 所示的实验电路原理图，在面包板上分别连接好带通滤波器和低通滤波器（注意，要在两个滤波器之间留出线性检波电路的位置）。

（2）带通滤波器的中心频率 f_0 调整：使用信号发生器产生 1 kHz 的正弦波信号输入到带通滤波器，调节电位器 Z_3 使带通滤波器输出的正弦波幅度为最大，或者输入/输出信号相位同相，此时为 1 kHz 的中心频率已经调试好。

（3）带通滤波器带宽的测试：用信号发生器输出的正弦波信号来检测带通滤波器的传递特性，并绘出幅频特性曲线。具体方法是使信号发生器产生间隔为 10 Hz、幅度保持一致的正弦波信号作为带通滤波器的输入信号，同时也作为幅频特性曲线的横坐标，逐一在示波器上观察带通滤波器的输出幅度，并记录观察值。其中，需要注意的三个关键值分别是下限频率 f_1、上限频率 f_2 和中心频率 f_0，同时计算带通滤波器的 Q 值。

（4）低通滤波器的测试：把检波器的输出与低通滤波器断开，使信号发生器的输出直接送给低通滤波器。选择从零起调的正弦波形，递增间距为 10 Hz，画出幅频特性曲线，测量低通滤波器的截止频率，并观察在信号为 1 kHz 时的输出电压衰减幅度。

2. 线性检波电路的调试和检测

（1）按图 2−16 所示的实验电路原理图，在面包板上连接好线性检波器电路。

（2）使用信号发生器产生的 1 kHz 正弦波作为检波电路的输入信号，观察输出频率和放大倍率，输出最低电平是否是零电位，若不为零，试分析原因，提出解决办法。

（3）若把检波电路二极管的极性交换位置，观察检波情况，试说明原因。

3. 完整电路的调试和检测

（1）把带通滤波器、线性检波器和低通滤波器整体电路连接好。

（2）用 1 kHz 正弦波信号接入整体电路输入端，逐级检测三级电路的输出信号。

（3）再换成 1 kHz 方波信号接入实验电路，重复上述过程。

思　考　题

（1）实验电路中的线性检波电路是半波整流，其输出整流波形是正方向的，如要求其整流输出波形是负方向的，电路应作何种变动？

（2）如输入信号为 2 kHz 的方波，输出为正的直流量，能否设计电路的参数，使其满足要求？

（3）除了低通滤波器能实现降低直流量上的纹波电压外，还有没有其他的方法？试列举几种方法。

（4）设计并仿真一个二阶无限增益多路反馈切比雪夫低通滤波器，截止频率 $f_p =$ 1 kHz，放大倍数（通带增益）$A_{up} = 2$。

2.3 几种运算放大器失调的比较与调零

2.3.1 概述

前面的实验说明了对缓慢变化的信号可以采用"交流调制 – 滤波 – 检波 – 直流"模式，将直流有效信号检测出来。采用这种模式可以克服零点漂移、低频噪声和背景光的干扰等。如果直接用集成运算放大器进行直流放大时，放大器的失调就不能忽视。而失调又分为输入失调电压和输入失调电流，放大器的增益越高失调的影响就越大。所以，运算放大器在直流放大的实际应用过程中，就要考虑失调的影响，并结合实际需要确定是否外加调零电路。

那么是否有既不用外加调零电路、失调又特别小的集成运算放大器来放大直流或缓慢变化的信号呢？答案是肯定的，这类性能较为优异的器件有 Intersil 公司的 ICL7650，美国得州仪器公司的 TLC2652，MAXIM 公司的 MAX430 等。选择合适的放大器，可以满足直接放大直流或缓慢变化信号的需求。

本次实验要对 μA741、OP07、ICL7650 三种运算放大器的输入失调电压用实验来观察对比，以便加深对运算放大器失调情况的认识。

2.3.2 实验目的

（1）实验观察几种运算放大器的失调现象，加深对输入失调电压的理解。

（2）能够使用调零电路，正确给运算放大器调零。

（3）了解 ICL7650 斩波稳零运算放大器的动态校零技术及运放的应用。

2.3.3 输入失调电压及影响

实际的运算放大器当输入端对地短路时输出并不完全等于零，其大小除以闭环增益（放大倍数）即为折合到输入端的输入失调电压，记为 U_{os}。输入失调电压 U_{os} 还随温度的变化及时间的推移产生漂移，同型号不同批次器件的 U_{os} 有离散性，一般呈正态分布。

低输入失调电压的运算放大器输入失调电压可低到几十微伏，一般的运算放大器输入失调电压为 $1 \sim 10$ mV。当使用较大的闭环增益时，输入失调电压就会对输出引入较大的误差。

值得注意的是，当多个运算放大器处于级联情况下，对于交流信号，可以通过电容器将前级的直流成分去除（称为电容器隔直，图 2 - 21），从而减小输入失调电压的影响。但是，对直流信号则不能采用此方法，否则将导致直流信号的中断。直流放大时，级联的运算放大器越多，失调电压的影响就越大。

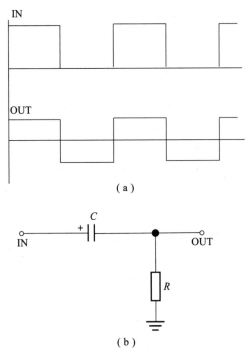

（a）

（b）

图 2 - 21　电容器的隔直

2.3.4　运算放大器调零及参数比较

使用运算放大器时，可以通过厂家提供的使用手册外加调零电路来消除或减小失调电压的影响。例如，集成运算放大器 μA741 调零电路的接法如图 2 - 22 所示，集成运算放大器 OP07 调零电路的接法如图 2 - 23 所示。是否需要添加调零电路，要根据实际使用情况来定。

表 2 - 4 列出了 μA741、OP07、ICL7650 三种运算放大器的主要特性参数，作为实验时参考用。

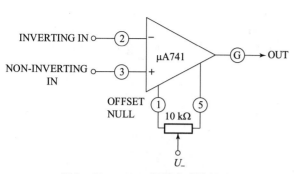

图 2 – 22　μA741 调零电路的接法

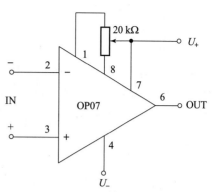

图 2 – 23　OP07 调零电路的接法

表 2 – 4　三种运算放大器主要特性参数表

参数名称	符号	μA741	OP07	ICL7650	单位
电源电压	U_{CC}	±22	±22	±8	V
输入失调电压	U_{os}	1 m	30 μ	1 μ	V
输入失调电压的温漂	$\triangle U_{os} / \triangle T$	15 μ	0.7 μ	0.02 μ	V
输入失调电流	I_{os}	20n	0.3n	8p	A
输入阻抗	R_{in}	2×10^{6}	6×10^{7}	10^{12}	Ω
电压增益	A_{vol}	100	110	150	dB
增益带宽积	GBWP	1	0.4	2	MHz

当对运算放大器的失调指标要求比较严格时，就要考虑成本及性价比，可以选择采用 OP 系列的运算放大器，或者使用斩波稳零型的运算放大器。

1. μA741 运算放大器

集成运算放大器 μA741 的价格低廉，属于通用型的集成运算放大器。我们前面已用 μA741 做过波形发生器和滤波器的实验，那些主要是针对交流信号的实验。如果用 μA741 作为直流放大器，在闭环增益较小，并且输入信号相当大的情况下，可以不用调零电路。但是，在使用较大的闭环增益时，或输入信号相当小的情况下，输入失调就会对输出引入较大的误差，这时就要考虑按图 2 – 22 那样加上调零电路。注意调零电路的电位器中点要接负电源。

2. OP07 运算放大器

集成运算放大器 OP07 的价格比 μA741 要高一些，是一种低失调的运算放大器。由表 2 – 4 可以看出，OP07 比 μA741 的失调电压大致降低了 2 个数量级，由此引入的误差比 μA741 要小很多。如用 OP07 作为直流放大器，当使用较大的闭环增益时，或放大微弱的直流信号情况下，也需要考虑按图 2 – 23 那样加上调零电路。做实验时，要注意 OP07 调零电路的电位器中点要接正电源，而 OP07 接调零电路的引脚与 μA741 接调零电路的引脚也有所不同。除了调零电路有一个引脚与 μA741 不同外，其余引脚均与 μA741 相同。在没有调零电路时，某些情况下 OP07 可以和 μA741 相互拔插互换。

3. ICL7650 斩波稳零运算放大器

集成运算放大器 ICL7650 是 Intersil 公司利用动态校零技术和 CMOS 工艺制作的斩波稳零式高精度运放，它具有输入阻抗高、失调小、增益高、共模抑制能力强、响应快、漂移低、性能稳定等优点。放大器采用双列直插式的封装，有 8 引脚和 14 引脚两种，如图 2 –24 所示。

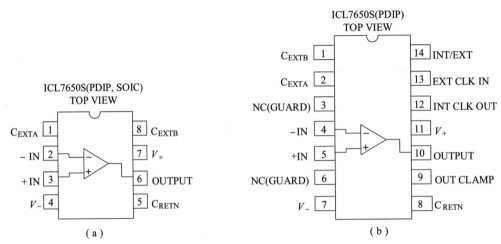

图 2 –24　ICL7650 斩波稳零运算放大器双列封装的引脚图

(a) 引脚 8 封装；(b) 引脚 14 封装

斩波稳零运算放大器 ICL7650 的价格比 OP07 要高许多，是 CMOS 型集成运算放大器，具有自稳零的功能。由表 2 –4 可以看出，它比 μA741 的失调电压降低了 3 个数量级。它不用外接调零电路，完全靠其内部电路的动态校零技术降低失调电压，因此称为斩波稳零运算放大器。

ICL7650 的 14 引脚的器件比 8 引脚的多了几个其他的功能，我们在这里暂不讨论，有兴趣的同学可以查 ICL7650 的应用手册。14 引脚封装的 ICL7650 斩波稳零运算放大器普通应用的接法与 8 引脚封装的接法一样，都是利用了运放的两个输入端、一个输出端、两个外接记忆电容端及电容的公共端，其余引脚可以悬空不用。ICL7650 斩波稳零运算放大器反相比例放大电路的接法如图 2 –25 所示。

由图 2 –25 可见，运放的工作电压为 ±5 V（最大为 ±8 V），与其他普通运算放大器不同的是外电路增加了两个电容 C_{EXTA} 和 C_{EXTB}，称为外接记忆电容，其作用是用于储存检测到的失调电压和储存校零电压。

下面以 MAXIM 公司的 ICL7650 斩波稳零运算放大器为例，简要描述其自动稳零的过程，运算放大器内部的电路结构示意图如图 2 –26 所示。

由图 2 –26 可知，ICL7650 斩波稳零运算放大器内部具有主放大器和校零放大器，并有逻辑控制单元产生两个主要的时钟周期，称为校零周期和放大周期。在校零周期内，开关 A 和 B 闭合，使校零放大器的两个输入端短路，通过自身的反馈，校零放大器的失调电

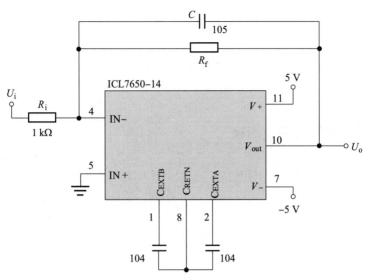

图 2 – 25　ICL7650 斩波稳零运算放大器反相放大电路的接法

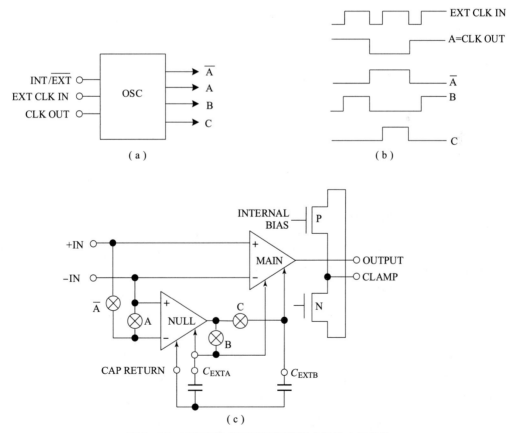

图 2 – 26　ICL7650 斩波稳零运算放大器的内部结构

压被减到最小。同时，外接记忆电容 C_{EXTA} 中储存了这一检测到的失调电压，从而使校零放大器在放大周期内仍保持校零状态。在放大周期内，开关 $\overline{\text{A}}$ 和 C 闭合，使主放大器被校零。同时，外接记忆电容 C_{EXTB} 中储存了校零电压，使主放大器在下一个校零周期内仍保持校零状态。这就是所谓的动态校零技术，ICL7650 利用这种技术消除了 CMOS 器件固有的失调和漂移。

2.3.5　实验器件及调试步骤

实验中所用元器件：集成运算放大器 μA741、OP07、ICL7650 各一个，1 kΩ 电阻一个、10 kΩ 电阻一个、100 kΩ 电阻一个、1 000 kΩ 电阻一个、10 kΩ 滑动变阻器一个、0.1 μF 电容（104）两个、1 μF 电容（105）一个。

所用仪器和设备：直流电源一台、数字万用表和面包板各一块。调试电路均在面包板上进行。

图 2-27 给出了三种运算放大器失调比较的实验电路原理图，图中 μA741 和 OP07 加入了调零电路。由于调零电路的接法不同，实验时注意不要接错引脚及电源。

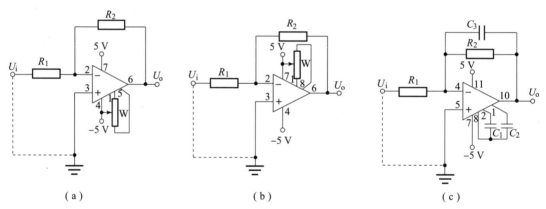

图 2-27　三种运算放大器失调比较实验电路原理图
（a）μA741；（b）OP07；（c）ICL7650

实验调试步骤如下。

（1）分别使用 μA741、OP07 和 ICL7650 在无调零电路的情况下搭建 10 倍、100 倍、1 000 倍增益的反相放大器，使输入端接地，电源电压使用 ±5V，用万用表记录它们各自的输出电压，并计算出折合到输入端的失调电压。

（2）分别使 μA741、OP07 搭建的反相放大器加入调零电路，在 1 000 倍增益的情况下调好零，并在 10 倍、100 倍时观察输出是否仍为零。然后在 10 倍增益的情况下调好零，并在 100 倍、1 000 倍时观察输出情况。最后，比较两种调零方式有何区别（注意，如果是变增益的放大器电路应该在增益最大的情况下调零）。

（3）通过以上实验的比较，做出分析并加以总结。

思　考　题

（1）通过实验，说明为什么变增益的放大器电路应该在增益最大的情况下调零。

（2）试说明 μA741 在 ±5 V 电源供电及直流放大 1 000 倍的情况下能正常工作的条件。

（3）另外查找三种高性能的自稳零集成运算放大器，与 ICL7650 进行参数对比，如表 2-4 所示。

第 3 章

数字电路的应用

随着科学技术的发展，电子技术在各行各业的应用越来越广泛。特别是 20 世纪 80 年代以来，数字集成电路和计算机技术迅猛发展，对各行业产生了深远的影响。在数字通信中，可以利用数字电路传输信息和图像；在自动控制中，可以利用数字电路的逻辑功能，设计出各种各样的数字控制装置；在仪器仪表中，可以利用数字电路对测量信号进行处理，并将结果显示。数字电路除了应掌握逻辑电路和时序电路的设计应用之外，对数字集成电路芯片的灵活应用也是十分重要的环节。数字集成器件的集成度越来越高，功能也越来越强，因此对集成芯片的调试及应用技术的要求也越来越高。

本章要做的实验有 A/D 转换技术的应用、D/A 转换技术的应用、基于 51 单片机的 A/D 和 D/A 转换与 RS－232C 接口电路及单片机串行通信四个内容，目的是通过这些实验内容来加深对数字电路中某些关键电路的体会和重要性的理解，对常用的数字电路集成芯片能够熟练应用。

555 定时器电路具有单稳态和双稳态的功能，在电路中，它们可产生某些延时，也可产生多谐振荡作为定时器来使用。555 定时器的应用范围很广泛，应用范例也很多。本章首先对 555 定时器的原理和应用进行了介绍。

数字电路只能对数字信号进行处理，它的输入和输出均为数字信号，而大量的物理量几乎都是模拟信号。因此，首先必须将模拟信号转换成为数字信号，才可送给数字电路进行处理，而且还要把数字结果再转换成模拟信号。完成将模拟信号转换成相应数字信号的电路称为 A/D 转换电路；完成将数字信号转换成相应模拟信号的电路称为 D/A 转换电路。

A/D 转换芯片和 D/A 转换芯片作为仪器的电路部件也是很重要的环节，它们分别完成模拟量到数字量的转换和数字量到模拟量的转换。在采用 A/D 和 D/A 转换芯片时，需要关注它们的转换速率。目前，各种转换速率的 A/D 转换芯片和 D/A 转换芯片在市场上种类很多，可以根据设计及工程需求自行选择。本章在 A/D 转换技术应用的实验中，要求学生了解模拟量的处理及数据采集的过程，弄清 A/D 转换的基本原理，并通过 TLC0820 A/D 转换集成芯片的实验，学会 A/D 转换芯片的一些应用。而在 D/A 转换技术应用的实验中，通过 DAC0800 D/A 转换集成芯片掌握应用 D/A 转换芯片的一些技术问题，从而体会数字电路中数字量处理的灵活性、重要性。

TLC0820 和 DAC0800 都是并行转换芯片，转换速率很快，但是占用引脚较多。当主控芯片引脚较少或主控芯片连接外设较多导致引脚剩余不足时，可以考虑使用串行 D/A 或 A/D 转换芯片。为使学生对 A/D 和 D/A 转换芯片有更深刻的认识，以目前常用的集

A/D 和 D/A 转换于一体的芯片 PCF8591 为例，用 51 单片机作为主控芯片来分别行 A/D、D/A 转换实验，使学生了解 A/D 和 D/A 转换芯片的另一种形式以及 51 单片机怎样通过 PCF8591 芯片来进行 A/D 和 D/A 转换。

串行通信作为仪器与计算机或其他设备之间的通信是必不可少的。本章最后一个实验要求了解 RS - 232 串行通信接口标准，使用 MAX232 芯片来进行 RS - 232 电平和 TTL 电平的转换，并且使用 51 单片机进行串行通信。

3.1　555 定时器原理与应用

3.1.1　555 定时器内部结构及引脚

555 定时器是一种多用途的数字 - 模拟转换混合集成电路。一般用传统双极型晶体管工艺制作的称为 555，用 CMOS 工艺制作的称为 7555。除了单定时器外，还有对应的双定时器 556/7556。该电路功能灵活、适用范围广，只要外围电路稍作配置，即可构成单稳态触发器、多谐振荡器或施密特触发器，可用于定时、检测、控制、报警等方面。

555 定时器的电源电压范围宽，可在 4.5 ~ 16 V 工作（7555 可在 3 ~ 18 V 工作），输出驱动电流约为 200 mA（7555 为 10 ~ 50 mA），因而其输出可与 TTL、CMOS 或者模拟电路电平兼容。正式量产的第一批 555 集成电路由 Signetics 公司生产，于 1971 年面世。根据应用范围把 555 按编号细分为两个级别：商用级的 NE555，温度范围 0 ~ +70 ℃ 和军用级的 SE555，温度范围 -55 ~ +125 ℃。555 时基集成电路的封装分为两种形式：高可靠性的金属罐式 8 引脚封装（T 封装）和低成本的环氧塑料 8 引脚双列直插式封装（V 封装）。封装号后缀在元件编号后面，因此 Signetics 公司生产的 555 按全编号分别为 NE555V、NE555T、SE555V 和 SE555T。

555 定时器的内部结构如图 3 - 1 所示。

各引脚的定义如下。

（1）电源端（引脚 1，引脚 8）。555 定时器的引脚 1 是公共端或接地端，引脚 8 是电源电压端 U_{CC}。电源电压范围可以为 4.5 ~ 16 V。

（2）低电平触发端（引脚 2）。

（3）输出端（引脚 3）。负载可连接到输出端与接地端之间。

（4）复位端（引脚 4）。当不使用时，复位端连接到 U_{CC}。如果复位端接地或者使其电位减少到 0.7 V 以下，输出端引脚 3 和放电端引脚 7 都将接近地电位。也就是说，输出是有效的低电平。如果输出是高电平，复位端一接地，就立即迫使输出达到低电平。

（5）电压控制端（引脚 5）。若此引脚外接电压，则可改变内部两个比较器的基准电压。此引脚不用时，应将该引脚串入一只 0.01 μF 的电容接地，以防引入干扰。

（6）高电平触发端（引脚 6）。

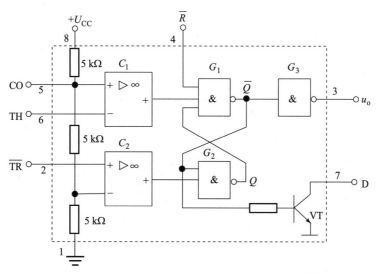

图 3 - 1　555 定时器内部结构图

（7）放电端（引脚 7）。该端与放电开关 VT 的集电极相连，用作定时器时电容的放电引脚。

由图 3 - 1 可见，555 定时器内部包含有两个电压比较器，一个基本 RS 触发器，一个三极管 VT（放电开关）。三个 5 kΩ 电阻串联在一起构成分压器，将电源电压 U_{CC} 分压为 $1/3U_{CC}$ 和 $2/3U_{CC}$，并作为两个比较器的参考电平。两个比较器的输出通过触发器后，再接至反相驱动器输出，同时接至一个泄放晶体管控制放电。

3.1.2　555 定时器的工作原理

下面对 555 定时器工作原理进行分析。

（1）当复位端 $\overline{R} = 0$ 时，触发器输出 $Q = 0$，则 $\overline{Q} = 1$，经过反相器后，输出 $u_o = 0$，此时晶体管 T 饱和导通。

（2）当复位端 $\overline{R} = 1$、高电平触发端 $U_{TH} > 2/3U_{CC}$、低电平触发端 $U_{TR} > 1/3U_{CC}$ 时，比较器 C_1 输出低电平 "0"、比较器 C_2 输出高电平电平 "1"，RS 触发器输出 $Q = 0$，则 $\overline{Q} = 1$，经过反相器后，输出 $u_o = 0$，此时三极管 VT 饱和导通。

（3）当复位端 $\overline{R} = 1$、高电平触发端 $U_{TH} < 2/3U_{CC}$、低电平触发端 $U_{TR} > 1/3U_{CC}$ 时，比较器 C_1 输出高电平 "1"、比较器 C_2 输出高电平电平 "1"，RS 触发器输出 Q、$\overline{Q}$ 保持不变，则输出 u_o 不变，此时三极管 VT 状态不变。

（4）当复位端 $\overline{R} = 1$、高电平触发端 $U_{TH} < 2/3U_{CC}$、低电平触发端 $U_{TR} < 1/3U_{CC}$ 时，比较器 C_1 输出高电平 "1"、比较器 C_2 输出低电平电平 "0"，RS 触发器输出 $Q = 1$，则 $\overline{Q} = 0$，经过反相器后，输出 $u_o = 1$，此时三极管 VT 截止。

555 定时器内部的逻辑关系如表 3 - 1 所示。

表 3 – 1 555 定时器内部的逻辑关系

低电平触发端 引脚 2	高电平触发端 引脚 6	比较器 C_1 输出	比较器 C_2 输出	RS 触发器 输出 $\overline{Q}$	定时器输出 3 引脚
$> \frac{1}{3} U_{\text{CC}}$	$< \frac{2}{3} U_{\text{CC}}$	1	1	保持	保持
	$> \frac{2}{3} U_{\text{CC}}$	0	1	1	0
$< \frac{1}{3} U_{\text{CC}}$	$< \frac{2}{3} U_{\text{CC}}$	1	0	0	1
	$> \frac{2}{3} U_{\text{CC}}$	0	0	不确定	不确定

3.1.3 555 定时器的应用

555 定时器是一种用途很广泛的单片集成电路，功能灵活，适用范围广泛，只需少数几个外部电阻电容就可构成各种功能的电路。主要应用是单稳态定时、多谐振荡器、施密特触发器等。本节讨论用 555 定时器构成多谐振荡器。

555 定时器用于构成多谐振荡器时，只需两个电阻和一个电容即可。0.01 μF 的电容为滤波电容，用于滤除高频干扰信号。555 定时器外围电路接法及内部电路示意图如图 3 – 2 所示。

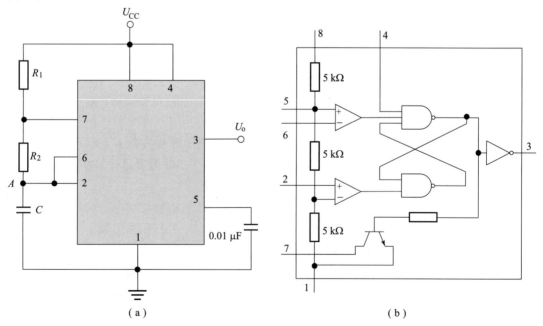

图 3 – 2 555 定时器组成多谐振荡器
（a）外围电路接法；（b）内部电路示意图

多谐振荡器的工作波形如图 3 - 3 所示。

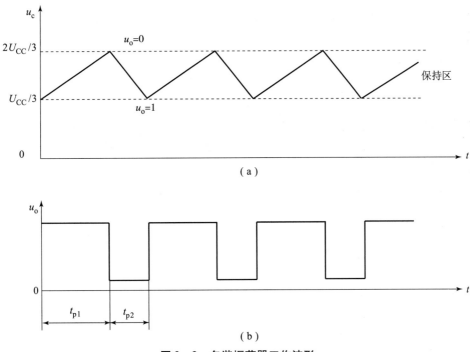

（a）

（b）

图 3 - 3 多谐振荡器工作波形

多谐振荡器工作过程如下。

（1）如图 3 - 2 所示，上电后 U_{CC} 通过电阻 R_1、R_2 对电容 C 充电，当 A 点未充电到 $1/3U_{CC}$ 时，上面的比较器输出为高电平 "1"，下面的比较器输出为低电平 "0"，使 RS 触发器输出 $Q = 1$，$\bar{Q} = 0$，经非门电路后，输出 u_o（引脚 3）为高电平，泄放晶体管由于 RS 触发器输出为低电平（$\bar{Q} = 0$）则截止。

（2）U_{CC} 通过电阻 R_1、R_2 继续对电容 C 充电，当 A 点充电到大于 $1/3U_{CC}$，小于 $2/3U_{CC}$ 时，上面的比较器输出为高电平 "1"，下面的比较器输出为高电平 "1"，此时 RS 触发器为保持状态，输出 u_o（引脚 3）保持为高电平，泄放晶体管截止。

（3）U_{CC} 通过电阻 R_1、R_2 继续对电容 C 充电，当 A 点充电到大于 $2/3U_{CC}$ 时，上面的比较器输出为低电平 "0"，下面的比较器输出为高电平 "1"，使 RS 触发器输出 $Q = 0$，$\bar{Q} = 1$，经非门电路后，输出 u_o（引脚 3）为低电平，泄放晶体管由于 RS 触发器输出为高电平（$\bar{Q} = 1$）而导通，引脚 7 通过电阻 R_2 使电容 C 放电。

（4）放电端（引脚 7）通过电阻 R_2 使电容 C 放电，当 A 点放电到小于 $2/3U_{CC}$，大于 $1/3U_{CC}$ 时，上面的比较器输出为高电平 "1"，下面的比较器输出为高电平 "1"，此时 RS 触发器为保持状态（图 3 - 3），输出 u_o（引脚 3）保持为低电平，泄放晶体管导通。

（5）放电端（7 引脚）通过电阻 R_2 使电容 C 持续放电，当 A 点放电到小于 $1/3U_{CC}$ 时，上面的比较器输出为高电平 "1"，下面的比较器输出为低电平 "0"，使 RS 触发器输出 $Q = 1$，$\bar{Q} = 0$，经非门电路后，输出 u_o（引脚 3）为高电平，泄放晶体管由于 RS 触发器输出为低电平（$\overline{Q}=0$）而截止，电容 C 停止放电。

接下来，U_{CC} 通过电阻 R_1、R_2 再对电容 C 充电。如此周而复始，这样在 555 的输出端（引脚 3）输出周期性的矩形波。其输出幅度为 U_{CC}，周期 T 等于电容充电时间 T_1 和放电时间 T_2 的总和。

多谐振荡电路参数计算公式如下：

充电时间为

$$T_1 = (R_1 + R_2)C\ln2 \approx 0.7(R_1 + R_2)C \tag{3.1}$$

放电时间为

$$T_2 = R_2C\ln2 \approx 0.7R_2C \tag{3.2}$$

振荡周期为

$$T = T_1 + T_2 = (R_1 + 2R_2)C\ln2 \approx 0.7(R_1 + 2R_2)C \tag{3.3}$$

振荡频率为

$$f = \frac{1}{T} \tag{3.4}$$

占空比为

$$D = \frac{T_1}{T} = \frac{R_1 + R_2}{R_1 + 2R_2} \tag{3.5}$$

例 3.1 如图 3-2（a）所示，由 555 定时器构成多谐振荡器。已知供电电压 $U_{CC} = 10\ \text{V}$，电容 $C = 0.1\mu\text{F}$，$R_1 = 15\ \text{k}\Omega$，$R_2 = 24\ \text{k}\Omega$，试求多谐振荡器的振荡频率。

解：$f = \dfrac{1}{T} = \dfrac{1}{T_1 + T_2}$

$\qquad T_1 = 0.7(R_1 + R_2)C$

$\qquad\quad = 0.7(15 + 24) \times 10^3 \times 0.1 \times 10^{-6}\text{s} = 0.002\ 73\ \text{s} = 2.73\ \text{ms}$

$\qquad T_2 = 0.7R_2C$

$\qquad\quad = 0.7 \times 24 \times 10^3 \times 0.1 \times 10^{-6}\text{s} = 0.001\ 68\ \text{s} = 1.68\ \text{ms}$

所以

$$f = \frac{1}{T} = \frac{1}{(2.73 + 1.68) \times 10^{-3}}\ \text{Hz} \approx 226.8\ \text{Hz}$$

3.2 模/数转换技术的应用

3.2.1 引言

在自动控制或测量系统中，被控或被测对象往往是一些连续变化的物理量，如：温度、压力、流量、速度、电流、电压等。这些随时间连续变化的物理量，称为模拟量。当计算机或微控制器等参与测量和控制时，模拟量不能直接送入计算机或微控制器，必须先把它们转换成数字量。这种转换称为模数（A/D）转换。能够将模拟量转换成数字量的器件称为模数转换器，简称 ADC。模数转换器在信号分析仪、示波器、高速数字化仪、任意波形发生器等仪器中都有着重要的应用。

现代仪器仪表是对物质世界的信息进行测量与控制的设备，伴随社会进入信息时代，以 A/D 转换环节为基础的数字式仪器仪表得到快速发展。数字式仪器仪表多采用微处理器或微控制器作为核心器件，这就需要事先将待处理的模拟量转换数字量，以便能够被微处理器或微控制器识别并处理。其中，模数转换器起到了关键的作用。有些微控制器内部集成了多通道甚至高精度的模数转换器，因此由传感器采集的模拟信号可以直接送到微控制器进行处理。

本次实验内容为利用 8 位的模数转换电路芯片 TLC0820，把一个模拟量转换成 8 位的二进制数字量，并由一组 8 个发光二极管（LED）来显示模数转换后的结果。通过本次实验要了解和掌握模数转换器的主要性能指标、使用条件、转换原理等。

3.2.2 实验目的

（1）了解模拟量的数据采集与处理的过程，了解 A/D 转换器的工作原理。

（2）掌握 A/D 转换芯片 TLC0820 的基本特性，并学会 A/D 转换芯片 TLC0820 在只读方式下的应用。

3.2.3 模/数转换原理

A/D 转换可以将输入的模拟量（电压或电流）转换为与之成比例的二进制代码。A/D 转换中，因为输入的模拟信号在时间上是连续的而输出的数字信号是离散的，所以转换只能在一系列选定的瞬间对输入的模拟信号取样；然后再把这些取样值转换成输出的数字量。因此，A/D 转换的过程为采样、保持、量化及编码四个步骤。在实际的电路中，有些过程可以进行合并，如采样和保持、量化和编码在转换过程中一般同时实现。

1. 采样、保持

所谓采样，就是把一段时间内连续变化的信号变换为对时间离散的信号。如图 3 - 4 所示，U_I、U_S 分别为输入信号和采样后信号，S 为采样脉冲信号。由图 3 - 4 可见，为了能不失真地用采样信号 U_S 表示模拟信号 U_I，采样信号必须有足够高的频率。对于一个频率有限的模拟信号来说，可以由采样定理确定其采样频率，即

$$f_s \geqslant 2f_{imax} \tag{3.6}$$

式中：f_s 为采样频率；f_{imax} 为输入模拟信号频率的最高值。

A/D 转换器工作时的采样频率必须高于式（3.6）所规定的频率。采样频率提高后留给每次进行转换的时间也相应缩短了，这就要求转换电路必须具备更快的工作速度。因此，不能无限制地提高采样频率，通常选择采样频率 $f_s = (2.5 \sim 3)f_{imax}$。

通常采样脉冲的宽度是很短的，故采样输出是截断的窄脉冲。要将一个采样输出信号数字化，需要将采样输出所得的瞬时模拟信号保持一段时间，因此在前后两次采样之间，

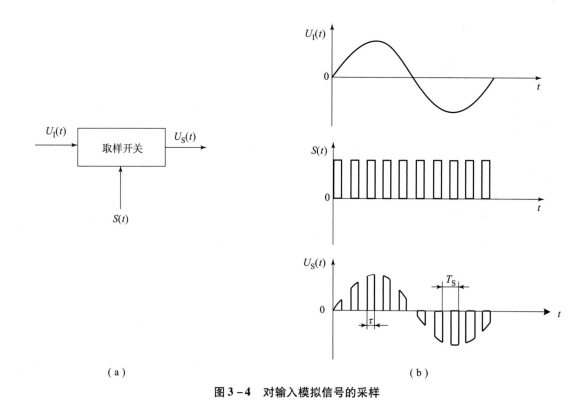

（a）　　　　　　　　　　　　　　　　　　　　（b）

图 3 - 4　对输入模拟信号的采样

应将采样的模拟信号暂时存储起来，以便将它们数字化。把每次的采样值存储到下一个采样脉冲来到之前，这就是保持过程。

一个实际的采样保持电路的电路结构图如图 3 - 5 所示。

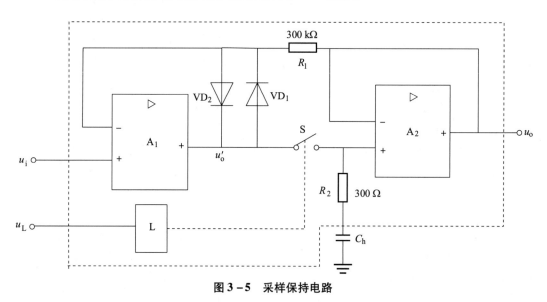

图 3 - 5　采样保持电路

图 3 - 5 中，A_1、A_2 为两个运算放大器；S 为模拟开关；L 为控制 S 状态的逻辑单元电

路。采样时令 $u_L = 1$，S 随之闭合。A_1、A_2 接成单位增益的电压跟随器，因此 $u_o = u'_o = u_i$。同时，u'_o 通过 R_2 对外接电容 C_h 充电，使 $u_{ch} = u_i$。因为电压跟随器的输出电阻十分小，故对 C_h 充电很快结束。当 $u_L = 0$ 时，S 断开，采样结束，由于 C_h 无放电通路，其上电压值基本不变，故得以将采样所得结果保持下来。

图中，二极管 VD_1、VD_2 组成保护电路。在没有 VD_1 和 VD_2 的情况下，如果在 S 再次接通以前 u_i 变化了，则 u'_o 的变化可能很大，以至于使 A_1 的输出进入非线性区，u'_o 与 u_i 不再保持线性关系，并使开关电路有可能承受过高的电压。接入 VD_1 和 VD_2 以后，当 u'_o 比 u_o 所保持的电压高出一个二极管的正向压降时，VD_1 将导通，u'_o 被钳位于 $u_i + U_{D1}$。这里的 U_{D1} 表示二极管 VD_1 的正向导通压降。当 u'_o 比 u_o 低一个二极管的压降时，将 u'_o 钳位于 $u_i - U_{D2}$。在 S 接通的情况下，因为 $u'_o \approx u_o$，所以 VD_1 和 VD_2 都不导通，保护电路不起作用。

2. 量化、编码

数字信号不仅在时间上是离散的，而且数值大小的变化也是不连续的。这就是说，任何一个数字量的大小只能是某个规定的最小数量单位的整数倍。在进行 A/D 转换时，必须把采样电压表示为这个最小单位的整数倍。这个过程称为量化，所取的最小数量单位称为量化单位，用 Δ 来表示。若数字信号最低有效位用 LSB 表示，1LSB 所代表的数量大小就等于 Δ，即模拟量量化后的一个最小分度值。

把量化的结果用代码（可以是二进制，也可以是其他进制）表示出来，称为编码。这些代码就是 A/D 转换的输出结果。

既然模拟电压是连续的，那么它就不一定是 Δ 的整数倍，在数值上只能取接近的整数倍，因而量化过程不可避免地会引入误差，这种误差称为量化误差。将模拟电压信号划分为不同的量化等级时通常有以下两种方法，如图 3-6 所示。

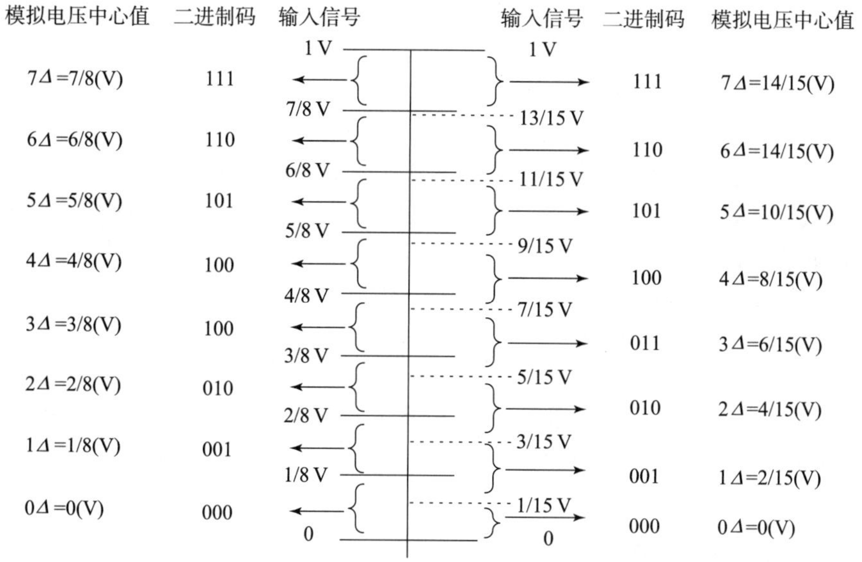

图3-6　划分量化电平的两种方法

图 3 - 6 左半部分，如把 0 ~ 1 V 的模拟电压转换成 3 位二进制代码，取最小量化单位（Δ）= 1/8 V，并规定凡模拟量数值在 0 ~ 1/8 V 时，都用 0Δ 来替代，用二进制数 000 来表示；凡数值在 1/8 ~ 2/8 V 的模拟电压都用 1Δ 代替，用二进制数 001 表示，以此类推。这种量化方法带来的最大量化误差可能达到 Δ，即 1/8 V。若用 n 位二进制数编码，则所带来的最大量化误差为 $1/2^n$ V。

为了减小量化误差，通常采用图 3 - 6 右半部分所示的改进方法来划分量化电平。在划分量化电平时，取量化单位 Δ = 2/15 V。将输出代码 000 对应的模拟电压范围定为 0 ~ 1/15 V，即 0 ~ 1/2Δ；1/15 ~ 3/15 V 对应的模拟电压用代码 001 表示，对应模拟电压中心值为 Δ = 2/15 V，以此类推。这种量化方法的量化误差可减小到 1/2Δ，即 1/15V。在划分的各个量化等级时，除第一级（0 ~ 1/15 V）外，每个二进制代码所代表的模拟电压值都归并到它的量化等级所对应的模拟电压的中间值，所以最大量化误差为 1/2Δ。

3. 模/数转换器（ADC）的主要性能参数

（1）分辨率。分辨率指 A/D 转换器对输入模拟信号的分辨能力。从理论上讲，一个 n 位二进制数输出的 A/D 转换器应能区分输入模拟电压的 2^n 个不同量级，能区分输入模拟电压的最小差异为满量程输入 U_m 的 $1/2^n$，即

$$分辨率 = \frac{U_m}{2^n} \tag{3.7}$$

一般来说，A/D 转换器的位数越多，其分辨率则越高。实际的 A/D 转换器通常为 8 位，10 位，12 位，16 位等。

例如，A/D 转换器的输出为 12 位二进制数，最大输入模拟信号为 10 V，则其分辨率为

$$分辨率 = \frac{1}{2^{12}} \times 10 \text{ V} = \frac{10}{4\ 096} \text{ V} = 2.44 \text{ mV}$$

（2）转换时间。转换时间是 A/D 转换器完成一次转换所需要的时间。一般转换速度越快越好，常见有高速（转换时间小于 1 μs）、中速（转换时间小于 1 ms）和低速（转换时间小于 1 s）等。

（3）转换精度。A/D 转换器的转换精度分为绝对精度和相对精度。绝对精度定义为对应于输出数码的实际模拟输入电压与理想模拟输入电压之差。绝对误差包括增益误差、偏移误差、非线性误差和量化误差。

相对精度定义为绝对精度与量程电压 U_m 之比的百分数，即

$$相对精度 = \frac{绝对精度}{U_m} \times 100\% \tag{3.8}$$

例如，对于一个 8 位 0 ~ 5 V 的 A/D 转换器，如果其最大量化误差为 1LSB，则其绝对精度为 19.5 mV，相对精度为 0.39%。

3.2.4 模/数转换器的分类

目前，A/D 转换器的种类很多，如传统的双积分型、逐次逼近型、并联比较型等，也

有近几年新发展的过采样 $\Sigma - \triangle$ 型、流水线结构型等，各种类型的模/数转换技术都有各自的特点和适用的要求。目前市场上有大量的模/数转换集成电路芯片，品种繁多，可根据实际需要选择。

下面介绍几种典型的 A/D 转换器工作原理。

3.2.4.1　双积分型 A/D 转换器

双积分型 A/D 转换器为间接 A/D 转换器，转换原理是先将模拟电压 U_I 转换成与之大小相对应的时间 T，再在时间间隔 T 内用计数频率不变的计数器计数，计数器所计的数字量就正比于输入模拟电压。双积分型 A/D 转换器的结构框图如图 3 - 7 所示。

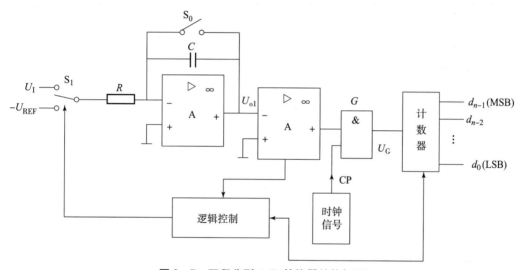

图 3 - 7　双积分型 A/D 转换器结构框图

如图 3 - 7 所示，双积分型 A/D 转换器由基准电压 $-U_{REF}$、积分器、过零比较器、计数器、控制逻辑和控制开关组成。其中，开关 S_1 由控制逻辑电路的状态控制，以便将被测模拟电压 U_I 和基准电压 $-U_{REF}$ 分别接入积分器进行积分。过零比较器用来监测积分器输出电压的过零时刻。当积分器输出 $U_{o1} < 0$ 时，比较器输出为高电平，时钟脉冲送入计数器计数；当 $U_{o1} > 0$ 时，比较器输出为低电平，计数器停止计数。双积分型 A/D 转换器在一次转换过程中要进行两次积分。

双积分型 A/D 转换器的转换过程如下。

转换开始前，先将计数器清零，并接通 S_0 使电容 C 完全放电。转换开始，断开 S_0。接下来，整个 A/D 转换过程分两阶段进行。

第一阶段为定时积分阶段，控制逻辑输出为低电平，使开关 S_1 置于输入信号 U_I 一侧，积分器对 U_I 进行固定时间 T_1 的积分。这一过程称为转换电路对输入模拟电压的采样过程。积分结束时积分器的输出电压为

$$U_{o1}(t) = \frac{1}{C}\int_0^{T_1}\left(-\frac{U_I}{R}\right)\mathrm{d}t = -\frac{U_I}{RC}T_1 \tag{3.9}$$

式中：U_I 为 T_1 时间内输入模拟电压的平均值。

由于 $U_{o1} \leqslant 0$，因此比较器输出为高电平，开启与门 G，周期 T_C 的时钟脉冲 CP 使计数器从 0 开始计数。当计数到最大容量 $N_1 = 2^n$ 时，计数器回到"0"状态，同时控制逻辑输出变为高电平，使开关 S_1 置于输入参考电压 $-U_{REF}$ 一侧，第一次积分结束。此时，有

$$T_1 = N_1 T_C = 2^n T_C \tag{3.10}$$

$$U_{o1}(t) = -\frac{U_I}{RC}T_1 = -\frac{2^n T_C}{RC}U_I \tag{3.11}$$

因为计数时间 T_1 固定不变，所以积分器的输出 $U_{o1}(t)$ 与输入模拟电压的平均值 U_I 成正比。

第二阶段称为定斜率积分过程，将 U_{o1} 转换为与之成正比的时间间隔 T_2。采样阶段结束时，因参考电压 $-U_{REF}$ 的极性与 U_I 相反，积分器向相反方向积分。计数器由"0"开始计数，经过 T_2 时间，积分器输出电压回升为零，过零比较器输出为低电平，关闭与门 G，计数器停止计数，转换结束。

如果积分器的输出上升到零时经过的积分时间为 T_2，由于在第一阶段积分采样结束时，电容已经充有电压 $U_{o1}(T_1) = -U_I T_1/RC$，所以第二阶段反向积分时，积分器输出电压为

$$U_{o1}(t) = -\frac{1}{RC}\int_{t_1}^{t_2}(-U_{REF})\mathrm{d}t + U_{o1}(T_1) \tag{3.12}$$

其中

$$-\frac{1}{RC}\int_{t_1}^{t_2}(-U_{REF})\mathrm{d}t = \frac{U_{REF}}{RC}T_2 \tag{3.13}$$

当第二阶段积分过程结束时，$U_{o1}(T_2) = 0$，代入积分式（3.12）可得

$$\frac{U_I}{RC}T_1 = \frac{U_{REF}}{RC}T_2 \tag{3.14}$$

由式（3.14）化简可得

$$T_2 = \frac{T_1}{U_{REF}}U_I \tag{3.15}$$

由式（3.15）可以看出，第二次积分的时间间隔 T_2 与输入电压在时间间隔 T_1 内的平均值 U_I 成正比。令计数器在 T_2 这段时间里对固定频率为 f_c（$f_c = 1/T_C$）的时钟脉冲计数，则计数结果也一定与 U_I 成正比，即

$$D = \frac{T_2}{T_C} = \frac{T_1}{T_C U_{REF}}U_I \tag{3.16}$$

式中：D 为计数结果的数字量，也即计数器所计的数在数值上等于被测电压。若取 T_1 为 T_C 的整数倍，即 $T_1 = N T_C$，则式（3.16）可化简为

$$D = \frac{N}{U_{REF}}U_I \tag{3.17}$$

双积分型的 A/D 转换器是在电子开关的控制下，使运算放大器完成输入电压量的双向积分过程，并对应积分时间去控制计数器的计数状态，由此实现 A/D 转换。它属于低

速、高精度的 A/D 转换器。因其抗干扰能力强、转换精度很高，常用于数字式测量仪器仪表中。

3.2.4.2　逐次逼近型 A/D 转换器

逐次逼近型 A/D 转换器也称为逐次渐近型 A/D 转换器，转换过程类似天平称重的过程，如图 3-8 所示。天平的一端放置被称重的物体，另一端放置砝码。各砝码的质量按二进制关系设置，一个比一个质量小 1/2。

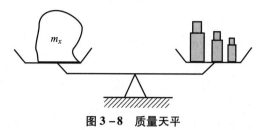

图 3-8　质量天平

如图 3-8 所示，设待秤质量 $m_x = 13$ g，所用砝码质量为 8 g、4 g、2 g 和 1 g。称重过程如表 3-2 所示。

表 3-2　质量天平称重过程

测量次数	砝码质量	操作过程	结果
第 1 次	8 g	砝码总重 < 待测质量 m_x，8 g 砝码保留	8 g
第 2 次	再加 4 g	砝码总重 < 待测质量 m_x，4 g 砝码保留	12 g
第 3 次	再加 2 g	砝码总重 > 待测质量 m_x，2 g 砝码撤除	12 g
第 4 次	再加 1 g	砝码总重 = 待测质量 m_x，1 g 砝码保留	13 g

逐次逼近型 A/D 转换器的工作原理如图 3-9 所示，A/D 转换器电路包括比较器、D/A 转换器、逐位逼近寄存器、时钟脉冲源和控制逻辑等。

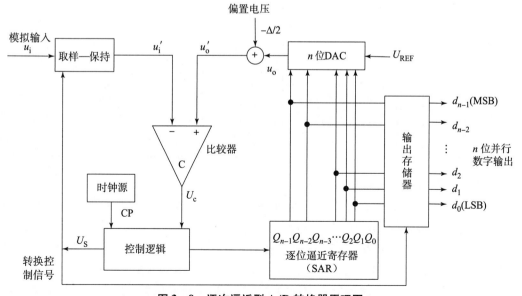

图 3-9　逐次逼近型 A/D 转换器原理图

逐次逼近型 A/D 转换器的工作原理简述如下。

①转换开始前先将逐次逼近寄存器 SAR 清零。

②开始转换以后，第一个时钟脉冲 CP 首先将逐次逼近寄存器 SAR 最高位置 1，使输出数字为 100…0。这个数码被 D/A 转换器转换成相应的模拟电压 u_o，与偏移电压 $-\Delta/2$ 相加后，得到 $u'_o = u_o - \Delta/2$，并送到比较器中与 u'_i 进行比较。若 $u'_i < u'_o$，说明数字过大，故将逐次逼近寄存器 SAR 最高位的 1 清除（置 0）；若 $u'_i \geq u'_o$，说明数字还不够大，应将这一位保留。

③然后，按同样的方法将次高位置 1，并且经过比较以后确定这个 1 是保留还是清除。这样逐位比较下去，一直到最低位为止。比较完毕后，逐次逼近寄存器 SAR 中的状态就是所要求的数字量输出，送到输出寄存器并输出数字量。

例 3.2 若 $U_{REF} = -4$ V，$n = 4$。当采样保持电路输出电压 $u'_i = 2.49$ V 时，试列表说明逐次逼近型 ADC 电路的 A/D 转换过程。

解： 由题可知量化单位为

$$\Delta = \frac{U_{REF}}{2^4} = \frac{4}{16} = 0.25 \text{ V}$$

则偏移电压为

$$\frac{\Delta}{2} = 0.125 \text{ V}$$

则逐次逼近型 ADC 电路的 A/D 转换过程如表 3-3 所示。

表 3-3　则逐次逼近型 ADC 电路的 A/D 转换过程

CP（上升沿有效）	SAR 的数码值/D_n				DAC 输出	比较器输入		比较判别	逻辑操作
	Q_3	Q_2	Q_1	Q_0	$u_o = D_n \times \Delta$	u'_i	$u'_o = u_o - \Delta/2$		
0	0	0	0	0					清零
1	1	0	0	0	2V	2.49 V	1.875 V	$u'_o \leq u'_i$	保留
2	1	1	0	0	3 V	2.49 V	2.875 V	$u'_o > u'_i$	去除
3	1	0	1	0	2.5 V	2.49 V	2.375 V	$u'_o \leq u'_i$	保留
4	1	0	1	1	2.75 V	2.49 V	2.625 V	$u'_o > u'_i$	去除
5	1	0	1	0	2.5 V	取样			输出/再取样

所以，转换的结果为 $d_3 d_2 d_1 d_0 = 1010$。

逐次逼近型 A/D 转换器的优点是精度高，转换速度较快，由于它的转换时间固定，不随输入信号的大小而变化，简化了与微处理器（CPU）间的同步，所以常常用作与 CPU 的接口电路，例如 ADC0809 芯片。逐次逼近型 A/D 转换器抗干扰能力比双积分型 A/D 转换器弱。采样时，干扰信号会造成较大的误差，需要采取适当的滤波措施。

逐次逼近型 A/D 转换器输出数字量的位数越多转换精度越高；逐次逼近型 A/D 转换器完成一次转换所需时间与其位数 n 和时钟脉冲频率有关，位数越少，时钟频率越高，

A/D 转换所需时间越短。

3.2.4.3　并行比较型 A/D 转换器

并行转换方式又称为闪烁型转换方式，是一种直接的 A/D 转换方式，大大减少了转换过程的中间步骤，每一位数字代码几乎在同一时刻得到。因此，在所有的 A/D 转换中，它的转换速度最快。这种 A/D 转换器的结构如图 3 - 10 所示。

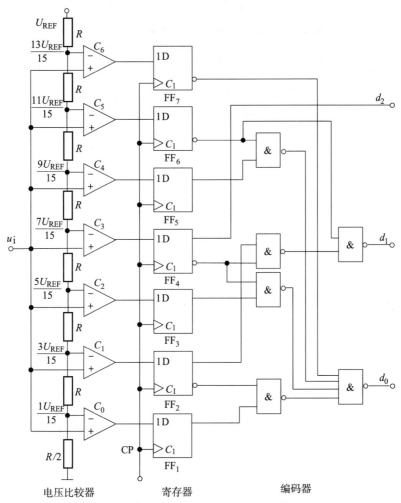

图 3 - 10　并行比较型 A/D 转换器原理图

由图 3 - 10 可见，并行比较型 A/D 转换器是由电压比较器、寄存器和编码器三部分组成。输入为 $0 \sim U_{\text{REF}}$ 间的模拟电压，输出为 3 位二进制代码 $d_2 d_1 d_0$。电压比较器中用电阻把参考电压 U_{REF} 分压，得到 $1/15 U_{\text{REF}} \sim 3/15 U_{\text{REF}}$ 之间 7 个比较电平，量化单位为 $\Delta = 2/15 U_{\text{REF}}$。然后，把这 7 个比较电平分别接到 7 个电压比较器 $C_0 \sim C_6$ 的输入端，作为比较基准。同时，将输入的模拟电压 u_i 同时加到每一个比较器的另一个输入端上，与这 7 个比较基准进行比较。

若 $u_i < 1/15 U_{REF}$，则所有比较器的输出全是低电平，CP 上升沿到来后寄存器中所有触发器（$FF_1 \sim FF_7$）都被置成低电平 0 状态。

若 $1/15 U_{REF} < u_i < 3/15 U_{REF}$，则只有 C_0 输出为高电平，CP 上升沿到来后，FF1 被置位高电平"1"，其余触发器都被置成低电平"0"状态。

以此类推，便可以列出 u_i 为不同电压时寄存器的状态。

不过寄存器输出的是一组 7 位的二进制代码，还不是所要求的二进制数，因此必须使用编码器进行代码转换。A/D 转换电路的代码转换如表 3 – 4 所示。

表 3 – 4　3 位并行比较型 A/D 转换器电路的代码转换

输入模拟电压	寄存器状态（编码器输入）							数字量输出（编码器输出）		
u_i	Q_6	Q_5	Q_4	Q_3	Q_2	Q_1	Q_0	d_2	d_1	d_0
$\left(0 \sim \dfrac{1}{15}\right)U_{REF}$	0	0	0	0	0	0	0	0	0	0
$\left(\dfrac{1}{15} \sim \dfrac{3}{15}\right)U_{REF}$	0	0	0	0	0	0	1	0	0	1
$\left(\dfrac{3}{15} \sim \dfrac{5}{15}\right)U_{REF}$	0	0	0	0	0	1	1	0	1	0
$\left(\dfrac{5}{15} \sim \dfrac{7}{15}\right)U_{REF}$	0	0	0	0	1	1	1	0	1	1
$\left(\dfrac{7}{15} \sim \dfrac{9}{15}\right)V_{REF}$	0	0	0	1	1	1	1	1	0	0
$\left(\dfrac{9}{15} \sim \dfrac{11}{15}\right)U_{REF}$	0	0	1	1	1	1	1	1	0	1
$\left(\dfrac{11}{15} \sim \dfrac{13}{15}\right)U_{REF}$	0	1	1	1	1	1	1	1	1	0
$\left(\dfrac{13}{15} \sim 1\right)U_{REF}$	1	1	1	1	1	1	1	1	1	1

并行比较型 A/D 转换器的转换精度主要取决于量化电平的划分，分得越细（Δ 取的越小），精度越高。不过分得越细，使用的比较器和触发器数目越多，电路越复杂。此外，转换精度还受参考电压的稳定度和分压电阻相对精度及电压比较器灵敏度的影响。

并行转换方式在所有的 A/D 转换中，转换速度最快，采样速率能达到 1GSPS 以上，特别适合高速转换领域，如高速视频 A/D 转换，现代发展的高速 A/D 转换器大多采用这种结构。并行转换方式的缺点是分辨率不高，一般都在 10 位以下。这主要是受到了电路实现的影响，因为一个 N 位的并行转换器，需要 2^N 个精密分压电阻和 $2^N - 1$ 个比较器。当 $N = 10$ 时，比较器的数目就会超过 1 000 个，精度越高，比较器的数目越多，制造越困难。此外，精度较高时，功耗较大，受到功率和体积的限制，并行比较型 A/D 转换器的分辨率也难以做到很高。

表 3 - 5 列出了对几种不同类型 A/D 转换器的总结。

表 3 - 5 几种不同类型 A/D 转换器的总结

类型	优 点	缺 点
双积分型	分辨率高，可达 22 位；功耗低，成本低，抗干扰能力强	转换速度低
逐次逼近型	速度高，功耗较低，抗干扰能力弱于双积分型	信号在进行 A/D 转换之前需滤波，增加了电路成本
并行比较型	并行转换，转换速度最快。转换时间只受比较器、触发器和编码器电路延迟时间的限制	制成分辨率较高的集成并行 A/D 转换器是比较困难的（分辨率越高，元件数目呈几何级数增加）
串并行比较型	成本较低	速度不如并行比较型
$\Sigma - \triangle$型	单片集成，实现了 A/D 转换器与数字信号处理技术的结合。分辨率高，比积分型和压频变换型 A/D 转换器速率高；采用高倍频过采样技术，降低了对传感器信号进行滤波的要求	当高速转换时，需要高阶调制器；在转换速率相同的条件下，比积分型和逐次逼近型 A/D 转换器的功耗高
流水线型	具有良好的线性和低失调；允许流水线各级同时对多个采样进行处理，信号的处理速度很快；功耗低，误差较低，分辨率很高	对工艺缺陷敏感，对印制电路板更为敏感，会影响增益的线性、失调及其他参数
压频变换型	分辨率高，精度高，功耗低，价格较低	转换速率受到限制，需要外围电路支持

3.2.5 模/数转换器 TLC0820 简介

串并行结合的比较型 A/D 转换器结构上介于并行比较型和逐次逼近型之间，最典型的是由两个 $N/2$ 位的并行型 A/D 转换器配合 D/A 转换器组成，用两次比较实现转换，所以称为 Half flash（半快速）型，TLC0820 即属于这种类型。

如图 3 - 11 所示，A/D 转换器 TLC0820 是 8 位的高速 A/D 转换器，它由两个 4 位闪存（Flash）转换器、一个 4 位的 D/A 转换器、一个计算误差放大器以及控制逻辑电路和结果锁存电路组成。其 8 位分辨率为 1/256，8 位并行输出，转换时间典型值 1.6 μs，在全温度范围内（0～70℃）最大转换时间 2.5 μs（读方式），无须外部时钟和附加元件，单 5 V 电源工作，并且价格低。

TLC0820 引脚如图 3 - 12 所示。各引脚的定义如表 3 - 6 所示。

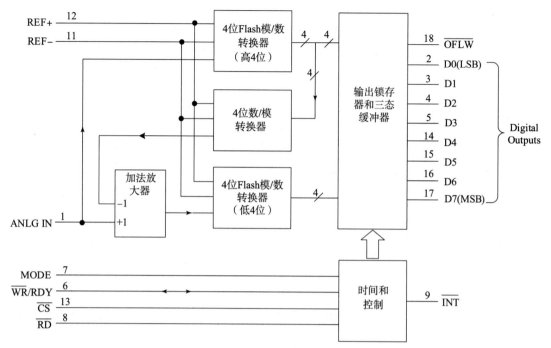

图 3 – 11 TLC0820 功能框图

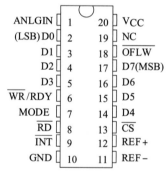

图 3 – 12 TLC0820 引脚图

表 3 – 6 TLC0820 的引脚功能和描述

名称	引脚号	I/O（输入/输出）	说明
ANLOG IN	1	I	模拟输入端
$\overline{CS}$	13	I	片选端
D0	2	O	数据输出端，LSB
D1	3	O	数据输出端
D2	4	O	数据输出端

续表

名称	引脚号	I/O（输入/输出）	说明
D3	5	O	数据输出端
D4	14	O	数据输出端
D5	15	O	数据输出端
D6	16	O	数据输出端
D7	17	O	数据输出端，MSB
GND	10		地
$\overline{\text{INT}}$	9	O	中断，A/D 转换完成后，发出低电平中断申请信号
MODE	7	I	方式选择，低电平"0"为读方式（缺省），高电平"1"为写读方式
NC	19		无内部连接
OFLW	18	O	溢出指示端。正常情况时此信号为高电平，当模拟输入大于 $U_{\text{REF}+}$ 时，此信号在转换结束后变为低电平
$\overline{\text{RD}}$	8	I	读。当片选信号 $\overline{\text{CS}}$ 有效（低电平），在写读方式下（MODE = 1），当 $\overline{\text{RD}}$ 变低时三态数据输出 D0～D7 有效；在读方式下（MODE = 0），$\overline{\text{RD}}$ 变低使转换开始。$\overline{\text{RD}}$ 在转换完成后，使三态数据输出有效。RDY 进入高阻抗状态及 INT 变低指示转换完成
REF −	11	I	下参考电压，最小模拟输入，通常接地
REF +	12	I	上参考电压，最大模拟输入
Vcc	20		电源电压
$\overline{\text{WR}}/\text{RDY}$	6	I/O	"写/准备好"端口。当片选信号 $\overline{\text{CS}}$ 有效（低电平），转换在 WR 输入信号的下降沿开始。在延迟时间 $t_{\text{d(int)}}$（800ns）之后，转换结果被选通到输出锁存器中。在此之前，$\overline{\text{RD}}$ 为高电平。在读模式下，RDY 在 CS 下降沿后变为低电平，并在转换结束数据进入输出锁存器后变为高电平

　　TLC0820 在两种方式下工作，即读与写/读方式，可通过 MODE 选择。当 MODE 处于低电平时（MODE = 0），TLC0820 转换器设为只读方式。TLC0820 读方式的时序如图 3 - 13 所示。

　　在读方式下，$\overline{\text{WR}}/\text{RDY}$ 用作输出且被认为是准备好端。当 $\overline{\text{CS}}$ 为低电平时选中 TLC0820 芯片，在读信号 $\overline{\text{RD}}$ 的下降沿开始 A/D 转换，此时 $\overline{\text{WR}}/\text{RDY}$ 为低电平。在中断引脚 INT 信号出现低电平并且 $\overline{\text{WR}}/\text{RDY}$ 恢复至高电平状态，A/D 转换结束，整个转换时间 t_{conv}（R）不超过 2.5 μs。此时数据输出也从高阻抗状态转变为有效状态。数据读出后，$\overline{\text{RD}}$ 处高电平状态，INT 恢复高电平状态，数据输出恢复至高阻抗状态。

　　当 MODE 处于高电平时（MODE = 1），TLC0820 转换器被设为写/读方式。TLC0820

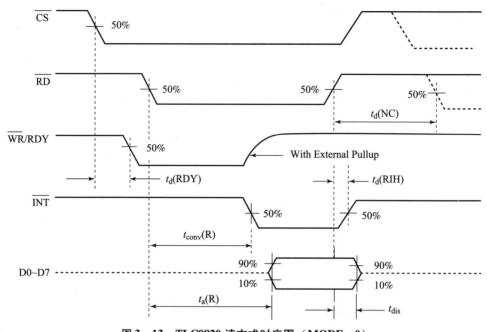

图 3 – 13　TLC0820 读方式时序图（MODE = 0）

写/读方式的时序（MODE = 1）如图 3 – 14 所示。

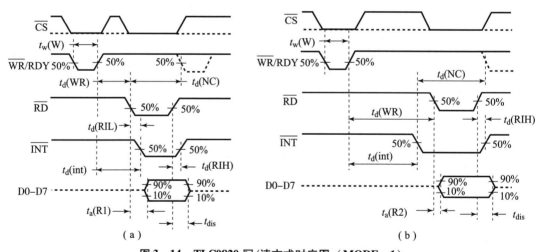

图 3 – 14　TLC0820 写/读方式时序图（MODE = 1）

（a）$t_{d(WR)} < t_{d(int)}$；（b）$t_{d(WR)} > t_{d(int)}$

　　在写/读方式下，当片选信号 $\overline{CS}$ 有效（低电平）时，芯片选通，$\overline{WR}/RDY$ 端作为信号写入端，当其为低电平时，模拟信号写入模/数转换芯片，经过 t_w（W）时间后，$\overline{WR}/RDY$ 上升沿时，写入信号开始转换，约在 $\overline{WR}/RDY$ 恢复高电平后 600 ns，转换完成。$\overline{RD}$ 信号为低电平并且产生中断信号后，数据总线上数据有效，可以对数据进行读取（更详尽的时序见 TLC0820 说明手册）。

TLC0820 的性能特点如下：

（1）先进的 LinCMOS 制造工艺；

（2）8 位分辨率；

（3）差分基准输入；

（4）并行微处理器接口；

（5）在全温度范围内（0～70℃）最大转换时间 2.5 μs（读方式）；

（6）无须外部时钟或振荡器；

（7）片内具有采样与保持；

（8）单 5 V 电源工作。

3.2.6　实验电路原理及分析

一般情况下，A/D 转换器要与处理器连接，控制命令是由处理器发出的，A/D 转换后的数据要送给处理器。本次实验的原理图如图 3－15 所示。

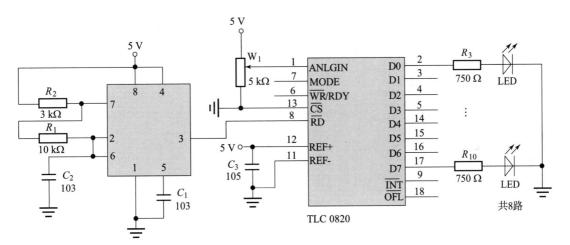

图 3－15　A/D 转换实验电路原理图

如图 3－15 所示，使用一个 555 振荡器电路产生连续的振荡信号（其周期远大于 TLC0820 规定的时序）作为 TLC0820 的读信号。

TLC0820 采用读方式（MODE = 0）工作，555 振荡器电路产生的振荡信号加在 TLC0820 的引脚 8 上（$\overline{RD}$ 端），片选端引脚 13（$\overline{CS}$ 端）接地，工作模式选择端引脚 7（MODE 端）悬空，靠内部通过恒流源接地（悬空即为低电平 0，此时为读方式），这样 TLC0820 可以连续工作。

TLC0820 的引脚 1 接待转换的模拟量，通过滑动变阻器接 5V 电源，从而引脚 1 的输入模拟电压可以在 0～5 V 调节。引脚 12（REF+端）接 5 V 参考电源，引脚 11（REF−端）接地。

TLC0820 的 D0～D7 可以输出 A/D 转换后的数字量。可以使用一组 8 个发光二极管

（LED）来显示观察 A/D 转换后的数字量结果，每个 LED 代表一位二进制数，总共 8 位。如果输出数字量为"1"，则 LED 点亮；如果输出数字量为"0"，则 LED 不点亮。通过一组 LED 则可得到 A/D 转换后的数字量。数字量的理论计算公式为

$$D = \frac{U_i \cdot 255}{U_{ref+}} \tag{3.18}$$

3.2.7 实验器件及调试步骤

实验中所用元器件：555 芯片一片，TLC0820 芯片一片，5 kΩ 滑动变阻器一个，103 电容两个，105 电容一个，750 kΩ 电阻八个，3 kΩ 电阻一个，10 kΩ 电阻一个，LED 八个。

所用仪器设备：直流电源一台，示波器一台，万用表一个。

实验调试步骤如下。

（1）按照实验电路原理图 3 - 15，使用 555、TLC0820 和其他元器件连接好电路，注意 TLC0820 的引脚 20 接 5 V，引脚 10 接电源公共端。

（2）用万用表测量并记录正参考端的电压值。

（3）调节电位器 W_1 可以得到 0 ~ 5 V 的模拟输入电压信号，记录模拟输入 0、1 V、2 V、3 V、4 V、5 V 对应的二进制数据输出值；

（4）列表，将实验得到的二进制数据换算成十进制数据后，与理论公式（3.21）计算出的理论值进行比较。

（5）在下参考电压为 0，上参考电压为 5 V 的情况下，计算出最小可分辨的模拟输入电压。

思 考 题

（1）如果下参考电压为 1 V，上参考电压为 5 V，试计算出最小可分辨的模拟输入电压。

（2）如果下参考电压为 0，上参考电压为 2 V，试计算出最小可分辨的模拟输入电压。

附：发光二极管的使用

LED 通常使用砷铝镓等半导体材料制作，可有红色、橙色、绿色、蓝色、白色等颜色。一般情况流过 3 ~ 5mA 正向电流时即可正常发光，电流再增加时亮度逐渐饱和，过电流会损坏 LED。普通 LED 点亮时正向压降为 1.6 ~ 1.8V，使用串联的限流电阻可获得所需要的正向电流。

限流电阻为

$$R = （总电压 - 正向管压降）/正向电流$$

例如，$R = (5 - 1.8 \text{ V})/5 \text{ mA} \approx 600 \text{ Ω}$

3.3　数/模转换技术的应用

3.3.1　引言

D/A 转换是将数字量转换为时间连续的模拟量，即 D/A 转换是 A/D 转换的逆过程，这在要求数字式或智能式的仪器仪表要有模拟量的输出和控制对象为模拟量的情况下是必要的。

D/A 转换芯片形式较多，但无论哪一种型号的芯片，它们的基本功能是相同的，它们的功能引脚也基本相同。从使用角度来看，其外特性大致分为数字量输入端、模拟量输出端及外部控制信号输入端等几部分。D/A 转换用途很广，本实验采用了一种 DAC0800 型 D/A 转换芯片，加上一些外围电路构成的 D/A 转换器，能实现各种波形的模拟量输出。

3.3.2　实验目的

（1）掌握实验电路中石英晶体振荡器及计数器的使用；
（2）了解 DAC0800 型 D/A 转换芯片的原理和特性；
（3）掌握 D/A 转换器的构成及其灵活应用的方法。

3.3.3　数/模转换原理

1. D/A 转换基本原理

D/A 转换可以将输入的一个 n 位的二进制数转换成与之成比例的模拟量（电压或电流）。D/A 转换器通常由译码网络、模拟开关、集成运放和基准电压等部分组成，如图 3 - 16 所示。

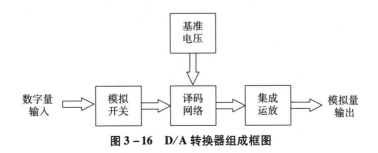

图 3 - 16　D/A 转换器组成框图

如果一个 n 位二进制数用 $D_n = d_{n-1} d_{n-2} \cdots d_1 d_0$ 表示，最高位（MSB）到最低位（LSB）的权依次为 2^{n-1}、2^{n-2}、2^1、2^0，则 D/A 转换后的输出为

$$u_{\mathrm{o}} = \frac{U_{\mathrm{REF}}}{2^n}(d_{n-1}2^{n-1} + d_{n-2}2^{n-2} + \cdots d_1 2^1 + d_0 2^0) \tag{3.19}$$

译码网络是一个加权求和电路,通过它把输入数字量 D_n 中的各位 1 按位权变换成相应的电流,再经过运算放大器求和,最终获得输出模拟电压 u_{o}。

2. D/A 转换器的主要性能参数

1)分辨率

分辨率是指 D/A 转换器所能分辨的最小输出电压 U_{LSB}(也就是当输入的数字代码最低位为"1",其余各位为"0"时对应的输出电压值)与满刻度 FSR(Full Scale Range)输出电压 U_{m}(当输入的数字代码各位均为 1 时输出的电压值)之比,因此 n 位 D/A 转换器的分辨率为

$$分辨率 = \frac{U_{\mathrm{LSM}}}{U_{\mathrm{m}}} = \frac{1}{2^n - 1} \tag{3.20}$$

由式(3.20)可见,当 U_{m} 一定时,输入数字代码的位数 n 越多,分辨率数字越小,分辨能力越高。分辨率也经常直接用输入数字代码的位数 n 来表示。

2)转换误差

转换误差是指全量程内数/模转换电路实际输出与理论值之间的最大误差。该误差可以用输入数字量 LSB 的倍数来表示。另外,有时也用输出电压满刻度 FSR 的百分数表示输出电压误差绝对值的大小。

造成 D/A 转换误差的原因有比例系数误差、零点漂移误差和非线性误差等。

(1)比例系数误差。D/A 转换器的实际转换特性与理想转换特性的斜率之差,如图 3 - 17 所示。

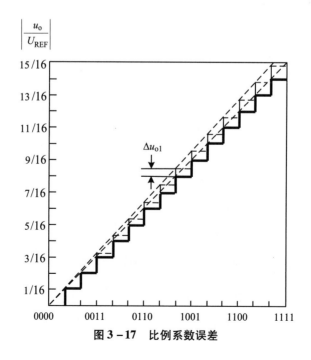

图 3 - 17   比例系数误差

由式（3.19），如果 U_{REF} 偏离标准值 ΔU_{REF}，输出将产生误差，误差为

$$\Delta u_o = \frac{\Delta U_{REF}}{2^n}(d_{n-1}2^{n-1} + d_{n-2}2^{n-2} + \cdots + d_1 2^1 + d_0 2^0) \qquad (3.21)$$

从式（3.21）可见，由 U_{REF} 变化引起的误差和输入数字量的大小成正比。由于该误差产生的原因一般是基准参考电压的误差或输出放大器的增益误差，通常可以通过满度调节来消除。满度调节的方法是在 D/A 转换器输入最大数字值时，调节输出放大器的放大倍数使输出电压为理想最大值。

（2）零点漂移误差。当输入数字量为 0 时，D/A 转换器输出模拟量偏移零点的电压值称为漂移误差，如图 3 - 18 所示。

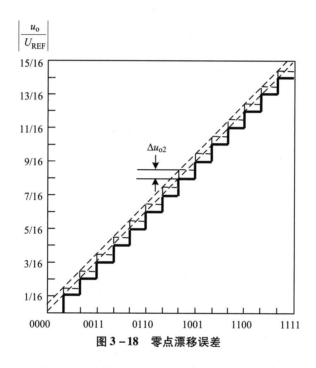

图 3 - 18　零点漂移误差

图 3 - 18 中虚线表示输出 u_o 偏离理论值的情况。零点偏移误差在整个转换范围内是恒定的，叠加在每个理想输出值上。产生零点漂移误差的原因主要是输出放大器的零点漂移，可通过运算放大器的调节零点措施来抑制。由于放大器的零点漂移受温度影响，所以模/数转换的失调误差同样受温度影响。

（3）非线性误差。D/A 转换器实际输出的模拟量与输入数字量的比值在转换范围内不是常数，特性曲线呈非线性，如图 3 - 19 所示。

产生非线性误差的原因主要是模拟开关的导通电阻及电路元器件误差对权电流精度的影响。非线性误差必须通过反馈控制进行补偿。

3）建立时间

建立时间是 D/A 转换器的动态指标，是指从输入的数字量发生改变开始，直到输出电压进入与稳态值相差 $\pm 1/2$ LSB 范围内的这段时间，如图 3 - 20 所示。

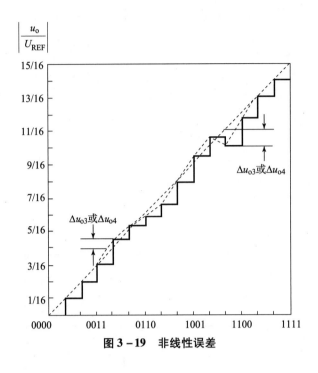

图 3 – 19　非线性误差

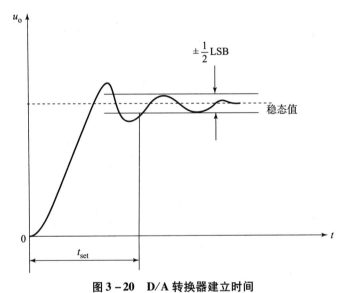

图 3 – 20　D/A 转换器建立时间

图 3 – 20 反映了 D/A 转换器的转换速度。按建立时间的不同，D/A 转换器可分为低速、中速、高速和超高速，如表 3 – 7 所示。

表 3 – 7　D/A 转换器的速度指标

类型	建立时间/μs	制造工艺
低速	≥300	CMOS
中速	10 ~ 300	CMOS
高速	0.01 ~ 10	TTL 或 CMOS
超高速	≤0.01	高速 ECL

3.3.4　数/模转换器的分类

根据译码网络的不同，D/A 转换器分为权电阻网络型、T 形电阻网络型、倒 T 形电阻网络型、权电流型、开关树型和权电容网络型等。下面介绍几种典型的 D/A 转换器。

3.3.4.1　权电阻网络 D/A 转换器

权电阻网络 D/A 转换器如图 3 – 21 所示。

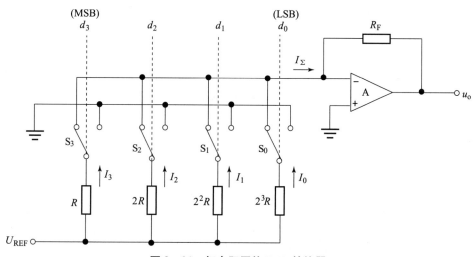

图 3 – 21　权电阻网络 D/A 转换器

因为运算放大器同相端接地，所以反相端为虚地，电位为 0，则

$$I_0 = \frac{U_{REF}}{8R}d_0, \quad I_1 = \frac{U_{REF}}{4R}d_1, \quad I_2 = \frac{U_{REF}}{2R}d_2, \quad I_3 = \frac{U_{REF}}{R}d_3 \qquad (3.22)$$

由于运放输入阻抗很大，运算放大器反向输入端的电流 $I_- = 0$，则

$$I_\Sigma = I_0 + I_1 + I_2 + I_3 \qquad (3.23)$$

当反馈电阻取为 R/2 时，得到输出电压为

$$u_o = -I_\Sigma R_F = -\frac{U_{REF}}{2^4}(d_3 2^3 + d_2 2^2 + d_1 2^1 + d_0 2^0) \qquad (3.24)$$

对于 n 位的权电阻网络 D/A 转换器，当反馈电阻取为 $R/2$ 时，输出电压的计算公式为

$$u_o = -\frac{U_{REF}}{2^n}(d_{n-1}2^{n-1} + d_{n-2}2^{n-2} + \cdots + d_1 2^1 + d_0 2^0) = -\frac{U_{REF}}{2^n}D_n \qquad (3.25)$$

式（3.25）表明，输出的模拟电压正比于输入的数字量 D_n，从而实现了从数字量到模拟量的转换。

当 $D_0 = 0$ 时，$u_o = 0$；当 $D_0 = 11\cdots11$ 时，$u_o = -\frac{2^n-1}{2^n}U_{REF}$。因此输出电压 u_o 的范围为

$0 \sim u_o = -\frac{2^n-1}{2^n}U_{REF}$。

由式（3.25）可知，输出为负电压，如果想要得到正电压输出，可以将 U_{REF} 取为负值。

权电阻 D/A 转换器的缺点是电阻的阻值太多，如果是 8 位转换器需要 8 个电阻，阻值范围为 $R \sim 128R$，要保证这么大范围的阻值精度范围都小于 0.5% 是很难的，特别是在大规模生产中。

3.3.4.2　倒 T 形电阻网络 D/A 转换器

为了克服权电阻网络 D/A 转换器中电阻阻值相差太大的缺点，研制出了倒 T 形电阻网络 D/A 转换器。倒 T 形电阻网络 D/A 转换器使用 R 和 $2R$ 两种规格的电阻即可实现任意位数的 D/A 转换。

四位倒 T 形电阻网络 D/A 转换器的原理图如图 3 - 22 所示，主要由电阻网络（$R \sim 2R$ 电阻）、模拟开关（$S_0 \sim S_3$）、求和运算放大器和基准电源 U_{REF} 四部分组成。

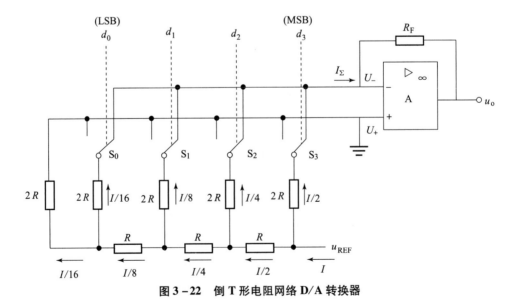

图 3 - 22　倒 T 形电阻网络 D/A 转换器

如图 3 - 22 所示，模拟开关 S_i 由输入数字量 d_i 控制，当 $d_i = 1$ 时，S_i 接运算放大器反

向输入端，电流 I_i 流向求和电路；当 $d_i = 0$ 时，S_i 接运算放大器同向输入端（地）。根据运算放大器线性应用时的"虚地"概念可知，无论模拟开关 S_i 处于何种位置，即 d_3、d_2、d_1、d_0 控制的开关是连接虚地还是真地，流过各个支路的电流与开关位置无关，电流值都保持不变，为确定值。

为计算流过各个支路的电流，可以把电阻网络等效成图 3－23 的形式。

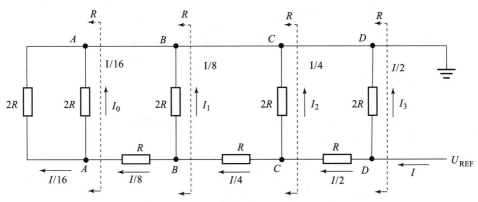

图 3－23　计算倒 T 形电阻网络支路电流的等效电路

由图 3－23 可见，从 AA，BB，CC，DD 向左看过去的等效电阻阻值均为 R，因此从参考电源流向倒 T 形电阻网络的电流为 $I = U_{REF}/R$，而每个支路电流依次为 $I/2$，$I/4$，$I/8$，$I/16$，于是可得总电流为

$$I_\Sigma = \frac{I}{2}d_3 + \frac{I}{4}d_2 + \frac{I}{8}d_1 + \frac{I}{16}d_0 = \frac{I}{16}(2^3 d_3 + 2^2 d_2 + 2^1 d_1 + 2^0 d_0) = \frac{I}{16}D_n \quad (3.26)$$

各个支路电流在数字量 d_3、d_2、d_1 和 d_0 的控制下流向运放的反相输入端或地，假设数字量 $d_i = 1$，则流入运放的反相输入端，假设数字量 $d_i = 0$，则流入地。在求和放大器的反馈电阻阻值为 R 时，则输出的模拟电压为

$$U_o = -RI_\Sigma = -R \times \frac{I}{16}D_n = -R \times \frac{U_{REF}}{R} \times \frac{1}{16}D_n = -\frac{U_{REF}}{2^4}D_n \quad (3.27)$$

因此，对于 n 位输入的倒 T 形电阻网络 D/A 转换器，在求和放大器的反馈电阻阻值为 R 的条件下，输出模拟电压的计算公式为

$$U_o = -\frac{U_{REF}}{2^n}(2^{n-1}d_{n-1} + 2^{n-2}d_{n-2} + \cdots + 2^1 d_1 + 2^0 d_0) = -\frac{U_{REF}}{2^n}D_n \quad (3.28)$$

倒 T 形电阻网络 D/A 转换器只使用了两种规格的电阻，而且结构规整，便于集成电路制造，是目前集成 D/A 转换器的主流结构。集成电路中，模拟开关通常采用 CMOS 电路，采用双极型工艺制作，工作速度较高。

3.3.5　实验电路原理及分析

D/A 转换实验的电路原理框图如图 3－24 所示，由时钟发生器（时钟电路）、十六进制计数器（8 位二进制计数器）和 D/A 转换器三部分组成。

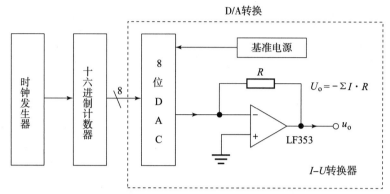

图 3 – 24　D/A 转换实验电路原理框图

实验电路原理：反相器 74LS04 与石英晶体谐振器组成晶体振荡器，产生一个稳定的时钟信号，提供给双十六进制计数器 74LS393 组成的 8 位二进制计数器，此时计数器就会输出循环变化的 8 位二进制数（0～255）；把循环变化的 8 位二进制数再输入到 D/A 转换器 DAC0800 中进行 D/A 转换，然后经过运算放大器构成的电流/电压转换器（$I - U$ 转换器），把 DAC0800 的输出电流转换成电压；最终对于循环变化的 8 位二进制数（0～255），得到的是锯齿波电压波形，如图 3 – 25 所示。

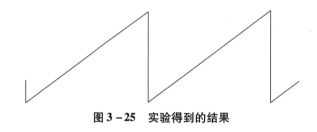

图 3 – 25　实验得到的结果

下面对实验电路的三个部分分别讨论。

3.3.5.1　时钟电路

时钟电路信号一般由 RC、LC 振荡电路或定时器构成的多谐振荡器产生。这些振荡器的振荡频率稳定性较差，精度也较低。由于 RC 振荡器结构简单，频率范围较宽，得到较多的应用。但因为频率稳定度仅百分之几，易受温度、湿度影响，多使用在精度不高的场合。LC 振荡器的频率稳定度较高，能够达到 10^{-5}，适当加大回路的电容量，就可以减小不稳定因素对振荡频率的影响。但是在要求多谐振荡器的频率稳定性好、变化小、准确性好、精度高而且功耗小的某些应用场合，往往采取石英晶体谐振器构成晶体振荡电路，晶体振荡电路的频率稳定度能达到 $10^{-11} \sim 10^{-10}$，足以满足大多数系统对频率稳定度的要求。

实验采用晶体振荡电路，产生频率精度高及稳定性好的时钟脉冲作为二进制计数器的计数脉冲。

1. 石英晶体谐振器

将石英晶体（二氧化硅结晶体）按一定的方向切割成很薄的晶片，再将晶片两个对应的表面抛光和涂敷银层，并作为两个极引出引脚，加以封装，就构成石英晶体谐振器（简称晶振），如图 3-26 所示。

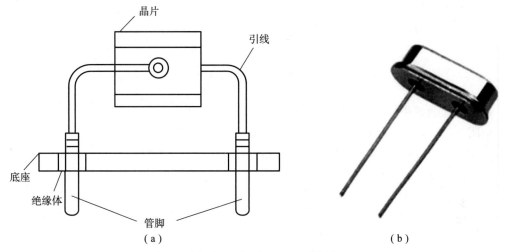

图 3-26　石英晶体谐振器结构及实物

（a）晶振结构；（b）晶振实物

在石英晶片的两个电极上加一个静电场，石英晶片就会产生机械变形。反之，若在石英晶片的两侧施加机械压力，则在晶片相应的方向上也会产生电场，这种物理现象通常称为压电效应。可以设想，如果在晶片的两个电极上施加一个交变电场，晶片就会机械振动起来，与此同时晶片的机械振动又会产生交变电场。一般情况下，由于外加的交变电场使晶片所产生的机械振动和由机械振动又引起的交变电场，它们的机械振动的振幅和交变电场的振幅都是非常微小的，但当外加交变电压的频率为某一特定频率时，它们的振幅明显加大，而且比其他频率下的振幅要大很多，这种现象称为压电谐振，这一特定频率就是石英晶体的固有频率，也称谐振频率。

石英晶体的电路符号和等效电路如图 3-27 所示。

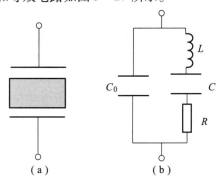

图 3-27　石英晶体的电路符号和等效电路

（a）晶振符号；（b）等效电路

当石英晶体不振动时，可等效为一个平板电容 C_0，称为静态电容，电容值取决于晶片的几何尺寸和电极面积，一般为几到几十皮法。当晶片产生振动时，机械振动的惯性等效为电感 L，其值为几毫亨。晶片的弹性等效为电容 C，其值仅为 $0.01 \sim 0.1$ pF，因此 $C \ll C_0$。晶片的摩擦损耗等效为电阻 R，其值约为 $100\ \Omega$，理想情况下 $R = 0$。

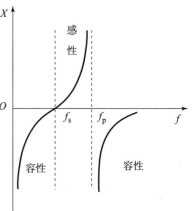

石英晶体谐振回路的品质因数 Q 很高，计算公式为

$$Q = \frac{1}{R}\sqrt{\frac{L}{C}} \qquad (3.29)$$

石英晶体的频率特性曲线如图 3 - 28 所示。

由图 3 - 28 可见，石英晶体有两个谐振频率，分别为 f_s 和 f_p。当 $f = f_s$ 时为串联谐振，晶体的电抗 $X = 0$；当 $f = f_p$ 时为并联谐振，晶体的电抗无穷大。这两个谐振频率是由晶体本身特性，即晶体的结晶方向和外形尺寸决定的，而且二者十分接近。

图 3 - 28   石英晶体的频率特性曲线

当图 3 - 27（b）等效电路中的 L、C、R 支路发生串联谐振时，该支路呈纯阻性，等效电阻为 R，谐振频率为

$$f_s = \frac{1}{2\pi\sqrt{LC}} \qquad (3.30)$$

谐振频率下整个网络的电抗等于 R 并联 C_0 的容抗，因 $R \ll \omega_0 C_0$，故可近似认为石英晶体也呈纯阻性，等效电阻为 R。

当 $f < f_s$ 时，C_0 和 C 电抗较大，起主导作用，石英晶体呈电容性。

当 $f > f_s$ 时，L、C、R 支路呈感性，将与 C_0 产生并联谐振，石英晶体又呈纯阻性，谐振频率为

$$f_p = \frac{1}{2\pi\sqrt{L\frac{CC_0}{C + C_0}}} = f_s\sqrt{1 + \frac{C}{C_0}} \qquad (3.31)$$

由于 $C \ll C_0$，所以谐振频率 $f_P \approx f_s$。

当 $f > f_p$ 时，电抗主要取决于 C_0，石英晶体又呈电容性。由图可见，只有在 $f_s < f < f_P$ 的情况下，石英晶体才呈现电感性；并且 C_0 和 C 的容量相差越悬殊，f_s 和 f_p 越接近，石英晶体呈感性的频带越狭小。

根据品质因数的表达式（3.29），由于 C 和 R 的数值都很小，L 数值很大，所以 Q 值很高，可达 $10^4 \sim 10^6$。频率稳定度 $\Delta f/f_0$ 可达 $10^{-8} \sim 10^{-6}$，采用频率稳定措施后，频率稳定度可达 $10^{-11} \sim 10^{-10}$。

2. 晶体振荡电路

由石英晶体谐振器和非门电路组成的多谐振荡器如图 3 - 29 所示。

图 3 - 29（a）中，并联在两个非门（内部是反向放大器）的输入和输出之间的电阻

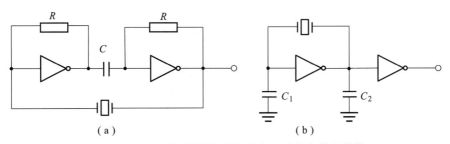

图 3 - 29 由石英晶体谐振器和非门组成的多谐振荡器

(a) 一种多谐振荡器; (b) 另一种多谐振荡器

为 R, 其作用是使非门工作在线性放大区, 电阻 R 的数值范围, 对 TTL 门电路来说, 通常为 $0.7 \sim 3 \ k\Omega$, 对 CMOS 门电路来说, 一般选 $10 \ M\Omega$。电路中的电容 C 是前后两反相器之间的耦合电容, C 取值几十皮法。由于石英晶体的频率选择特性极好, 因而在图 3 - 29 (a) 所示的电路中, 只有频率为 f_0 (晶体固有谐振频率) 的信号最容易通过, 其他频率信号都会被石英晶体所衰减。由此可见, 该电路的振荡频率只取决于石英晶体的固有谐振频率 f_0, 而与电路的 R 和 C 无关。在实际应用中, 为了改善输出波形和增加带负载的能力, 可以在电路的输出端再接一个非门, 图 3 - 29 (b) 给出了另一种结构形式。同样, 该电路的振荡频率只取决于石英晶体的固有谐振频率 f_0, 而与电路的 C_1 和 C_2 无关。

实验中使用的晶体振荡电路由 TTL 非门电路和石英晶体谐振器组成。一种 74 系列的六非门电路芯片引脚图如图 3 - 30 所示, 此图适用于 74LS04、74LS14、74HC04、74HC14 等几种型号的非门电路芯片。

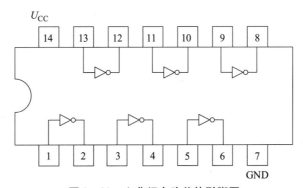

图 3 - 30 六非门电路芯片引脚图

3.3.5.2 8 位二进制计数器

8 位二进制计数器可采用集成芯片, 分为异步计数器和同步计数器。所谓异步, 指的是计数器输出位的状态逐位翻转, 如 74LS393 可构成 8 位异步二进制计数器; 所谓同步, 指的是计数器输出位的状态在时钟脉冲到来时同时翻转, 如 74LS163 则为同步计数器, 使用时可以通过查阅产品应用手册来区分。实验中使用的是 74LS393 芯片, 下面予以介绍。

74LS393 集成芯片是双 4 位二进制计数器，74LS393 内部结构如图 3 – 31 所示。

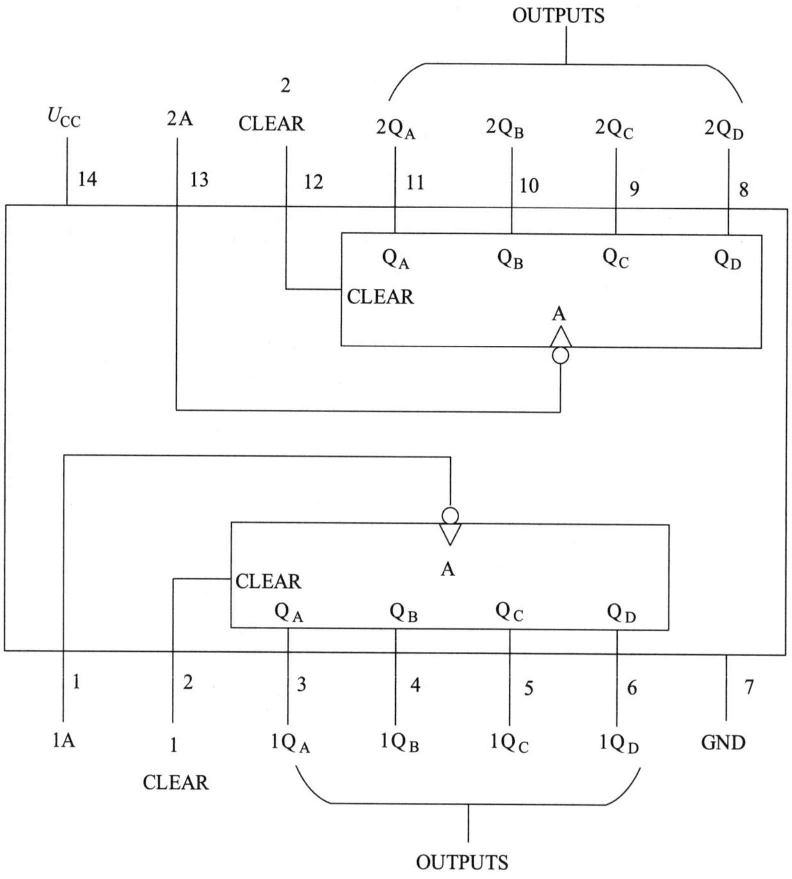

图 3 – 31　74LS393 内部结构

由图 3 – 31 可见，74LS393 内部有两个 4 位二进制计数器，每个 4 位二进制计数器在一个循环周期内计数 16 个脉冲。引脚 2（1CLR）和引脚 12（2CLR）分别为两个计数器的清零端，高电平有效；引脚 1（1A）和引脚 13（2A）分别为两个计数器的时钟输入端，时钟下降沿到来时，计数器的状态发生一次变化（或者计数器二进制数加 1）。引脚 3、4、5、6（$1Q_A$、$1Q_B$、$1Q_C$、$1Q_D$）与引脚 11、10、9、8（$2Q_A$、$2Q_B$、$2Q_C$、$2Q_D$）分别为两个计数器各自的 4 位二进制码的输出端。

74LS393 的各引脚如图 3 – 32 所示。

实验中，使用 74LS393 集成电路芯片组成一个 8 位二进制计数器，具体的使用方法如下：引脚 2 与引脚 12 始终与低电平连接，使计数器处于计数状态；时钟脉冲从引脚 1 输入，引脚 6 的输出接入引脚 13（第二个 4 位二进制计数器时钟输入端），这样便组成了一个 8 位二进制计数器，256 个脉冲使计数器状态循环一次。

3.3.5.3　D/A 转换器

在 D/A 转换接口电路的设计中，需要考虑的问题是 D/A 转换电路芯片的选择、数字

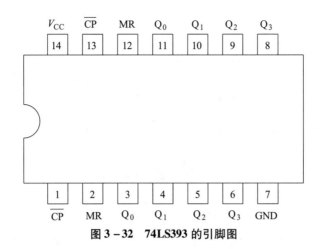

图 3 – 32　74LS393 的引脚图

量的输入、模拟量输出的极性、参考电源、模拟电量输出的调整等。在选择 D/A 转换电路芯片时，主要考虑芯片的性能、结构及应用特性。最好能够达到：①在性能上满足 D/A 转换的技术要求；②在结构和应用特性上满足接口方便；③需要的外围电路简单，且价格低廉。实验中采用 D/A 转换芯片 DAC0800，典型应用电路如图 3 – 33 所示。

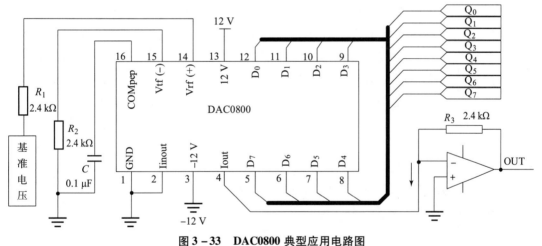

图 3 – 33　DAC0800 典型应用电路图

图 3 – 33 给出了围绕 D/A 转换芯片 DAC0800 的典型 D/A 转换器应用电路。由图可见，数/模转换器是由 8 位 D/A 转换电路、电流 – 电压（$I - U$）转换器及基准电源三个主要部分组成，能完成 8 位二进制数到模拟量的转换。若 8 位二进制码依次从低位 D_0 到高位 D_7 与 D/A 转换电路的对应引脚正确连接，只要 D/A 转换电路正常工作，在一个循环周期内，输出的模拟电流再经 $I - U$ 转换器转换成的电压应该是线性增加的阶梯电压，每个阶梯电压是 D/A 转换的最小转换精度，如图 3 – 34 所示。

D/A 转换芯片有三个方面的主要性能指标，即在给定工作条件下的动态指标、静态指标和环境条件指标。这些性能指标在 D/A 转换器件手册上都已给出，需要时可查阅有关

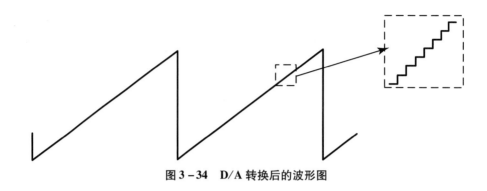

图 3 – 34 D/A 转换后的波形图

使用手册。实际使用时，主要考虑的是以位数表现的转换精度和转换速率。DAC0800 具有 8 位的转换精度和100ns 的转换速率。这两个指标主要与芯片内部结构的配置状况有关，配置状况对 D/A 转换接口电路的设计将带来很大影响。D/A 转换配置状况主要有数字输入特性、输出方式、参考电源、输出模拟电压与输入数字代码的关系等。

1. 数字输入特性

数字输入特性包括接收的数字码制、数据格式和逻辑电平等。目前，市场上可供选择的 D/A 转换芯片一般都只能接收自然二进制数字代码。因此，当输入数字代码为偏置码或双极性数码时，应采取适当的外接偏置电路才能实现。输入数据的格式一般为并行码，对于芯片内部配置有移位寄存器的 D/A 转换芯片，也可以接收串行码输入。

对于不同的 D/A 转换芯片，输入逻辑电平的要求也有所不同。对于固定阈值电平的 D/A 转换芯片一般只能与 TTL 或低压 CMOS 电路相连，而有些 D/A 转换芯片容许改变输入逻辑电平的阈值，则这类 D/A 转换芯片可以满足与 TTL、高低压 CMOS、PMOS 等各种器件直接连接的要求。不过应当注意，这些器件往往为此设置了“逻辑电平控制端”或者“阈值电平控制端”，使用时可按手册的规定，通过外电路给这一端口以满足要求的合适电平才能有效工作。

DAC0800 的工作方式是并行接收二进制数代码，输入逻辑电平与 TTL 电平兼容，属于固定阈值电平的 D/A 转换芯片。

2. 输出方式

D/A 转换芯片的输出方式包含两个内容，即 D/A 转换芯片是电流输出型，还是非电流输出型。目前，大多数 D/A 转换芯片均属电流输出型器件，通常，手册上给出的输出电流是在规定的输入参考电压及参考电阻之下的满码（全“1”）输出电流。另外还给出了最大输出短路电流以及输出电压的允许范围。对于输出具有电流源性质的 D/A 转换芯片，用输出电压的允许范围来表示由输出电路引起的输出端电压的可变动范围。只要输出端的电压小于输出电压的允许范围，输出电流和输入的数字之间将保持正确的转换关系，而与输出的电压大小无关。对于输出为非电流源性质的 D/A 转换芯片，无输出电压允许范围指标，电流输出端应保持公共端电位或虚地，否则将破坏其转换关系。

DAC0800 为电流输出型器件，满码输出电流为 2 mA。

3. 参考电源

在 D/A 转换中，参考电源是唯一影响输出结果的模拟参量，也是 D/A 转换接口中的重要电路部分。DAC0800 芯片需外接参考电流源作为基准。基准电源可以采用低漂移精密参考电源，也可以采用其他形式的基准电源。为了保证有较好的转换精度和简化外围电路，有些 D/A 转换芯片内部带有低漂移精密参考电源。

为简单起见，本实验采用 78L05 三端集成稳压器，其使用方法与其他三端集成稳压器的使用方法是一样的，只是在其输出端与 DAC0800 芯片的基准源输入端之间串接一个电阻器，等效为电流源使用。

4. 输出模拟电压与输入数字代码的关系

所有的 D/A 转换器的输出模拟电压 U_o 都可以表达为输入数字量 D 和模拟参考电压 U_R 的乘积，即

$$U_o = D \cdot U_R \tag{3.32}$$

式中，数字量 D 可表示为

$$D = a_1 \cdot 2^{-1} + a_2 \cdot 2^{-2} + a_3 \cdot 2^{-3} + \cdots + a_n \cdot 2^{-n} (a_i = (0,1)) \tag{3.33}$$

式中：a_1 为最高有效位（MSB）；a_n 为最低有效位（LSB）。

目前大多数 D/A 转换芯片输出的模拟量均为电流量，这个电流量需要通过一个反相输入的运算放大器才能转换成模拟电压输出，图 3-33 中的运算放大器就是起到了电流 - 电压转换的作用。由于 DAC0800 的开关电流是灌电流，因此，当参考电压为正电压时，输出模拟电压也为正电压。

3.3.6　实验器件及调试步骤

A/D 转换实验电路图如图 3-35 所示。

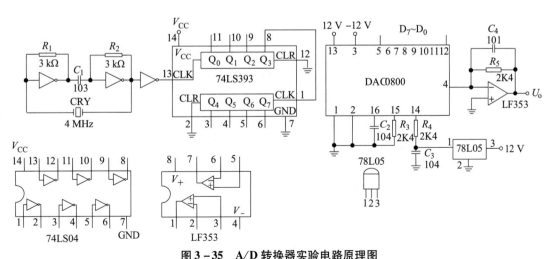

图 3-35　A/D 转换器实验电路原理图

图 3-35 中，74LS393 的数据输出端应与 DAC0800 的数据输入端按高低数据位一一对

应连接。另外，图中标出了 74LS04 和 LF353（双路通用运算放大器）的引脚图，实验时可根据实际情况选择连接。

实验中所用元器件有 4 MHz 石英晶体、六非门电路芯片 74LS04、双 4 位二进制计数器 74LS393、D/A 转换器 DAC0800、双路通用运算放大器 LF353 和三端稳压器 78L05 各一个、3 kΩ 电阻两个、2.4 kΩ 电阻三个、0.1 μF 电容两个、0.01 μF 电容一个、100 pF 电容一个。

所用仪器和设备有示波器和直流电源各一台、数字万用表和面包板各一块。

调试电路均在面包板上进行，实验调试步骤分为四个过程，即时钟脉冲的调试、8 位二进制计数器的调试、基准电压的调整和 D/A 转换电路的调试。

1. 时钟脉冲的调试

按图 3 - 35 的电路图连接好时钟电路，使用 5 V 单电源。其中，非门为 74LS04，其引脚分布参见图中标注。图中的两个电阻取值为 3 kΩ，电容 C_1 取 0.01 μF，石英晶体为 4 MHz。电路输出频率应为 4 MHz，如没有振荡输出，一般情况是电阻值偏小，加大电阻值可以解决问题。

2. 8 位二进制计数器的调试

如图 3 - 35 所示，连接并调整好计数器，使用 5 V 单电源。在示波器上观察计数器的 8 个输出端的频率，是否为后一位输出是前一位输出的二分频。如果是，则表明计数器工作正常；否则，可能是清零端的电平不正确。调试工作完成后，记录频率从高到低的顺序位置，频率最高的为 Q_0，频率最低的为 Q_7，它们分别对应 DAC0800 芯片的 D_0，D_1，…，D_7。

3. 基准电压的调整

基准电压由三端稳压器（78L05）产生。其电路结构形式与其他三端稳压器构成的直流稳压电源一样，使用 + 12 V 单电源。连接好电路后，用数字万用表测量输出电压应为 + 5 V。值得注意的是，如要求 D/A 转换器有更高的稳定性，可选择精密基准电压源。

4. D/A 转换电路的调试

（1）按图 3 - 35 给出的实验电路，连接好 DAC0800 的外围电路，但 DAC0800 的数据输入端 D_0，D_1，…，D_7 悬空（不与计数器的数据端相连）。DAC0800 和 LF353 共同使用 ±12 V 电源，注意 ±12 V 电源不要接错，5 V 基准电压通过 2.4 kΩ 电阻从引脚 14（U_{rf}）接入，从而获得近似 2 mA 的基准电流。由于数据输入端悬空，也就意味着输入 8 位数据全为"1"，因此，运算放大器的输出电压约为 5 V（最大值），若不是 5 V，检查运算放大器是否正常。

（2）将数据输入端全部接地（输入 8 位数据全为"0"），再次检查运算放大器的输出电压，判断是否 0 V，若为 0，则进一步证明 D/A 转换电路工作正常。也可再判断，若输入 8 位数据（由十六进制数表示）介于 00H 与 FFH 时，运算放大器输出电压应在 0 ~ 5 V。

（3）将 74LS393 计数器的 8 位输出线，从高位向低位逐位与 DAC0800 的数据输入端连接，连接一位数据观察一次运算放大器的输出电压波形，并记录数据与电压波形的关系。

思　考　题

（1）若计数器的 8 位数据线与 D/A 转换芯片的 8 位数据线连接不正确，输出波形会怎样？

（2）输出电压波形是否是阶梯波？若希望得到一个周期内有 4 个阶梯波电压，则输入的数据又是什么呢？

（3）输出电压幅度与什么因素有关？频率又与什么因素有关？

（4）在上述问题的基础上，对电路作一些修改，使运算放大器的输出电压为正弦波电压。请叙述出方案，包括电路原理框图（提示：采用一种数字量之间的数据转换方式，利用可紫外线擦除的 UVEPROM 或可电擦除的 EEPROM 存储器的应用技术，在实验电路中 DAC0800 芯片前加入一个数据存储器，存入的数据按波形的变化取值，并按存储器的地址顺序对应存入。在存储器的地址线受控于计数器不断循环变化的情况下，对应每个地址可依次读出每个存储单元内波形轨迹变化的数据。利用数据存储器的地址线和其输出数据的关系来实现数据的转换，即通常所说的查询表的方式）。

3.4　基于 51 单片机的模/数和数/模转换

3.4.1　引言

前面实验使用的 A/D 和 D/A 转换芯片为并行转换芯片，芯片引脚多，接线复杂。尤其是在嵌入式系统应用中，占用嵌入式芯片引脚多，在嵌入式系统外接芯片较多的情况下，会面临嵌入式芯片引脚不够用或接线多比较混乱的问题。为解决此问题，可以采用串行总线技术，使硬件设计简化、系统体积减小、可靠性提高，系统的更改和扩充变得更容易。常用的串行总线有 I^{2}C（Inter Interface Circuit）总线、单总线（1 – Wire Bus）、SPI（Serial Peripheral Interface）总线等。本次实验主要介绍 I^{2}C 总线以及使用 I^{2}C 总线的 A/D 与 D/A 转换芯片 PCF8591，并用 PCF8591 来进行 A/D 和 D/A 转换实验。

3.4.2　实验目的

（1）了解 I^{2}C 总线基本原理及数据传送；

（2）掌握 PCF8591 芯片的使用方法与 A/D 和 D/A 转换。

3.4.3　I^{2}C 总线基本原理及数据传送

1. I^{2}C 串行总线

I^{2}C 总线是 Philips 公司推出的串行总线，整个系统只有两条信号线，一条是数据线

SDA；另一条是时钟线 SCL。SDA 和 SCL 是双向的，I²C 总线上各器件数据线都接到 SDA 线上，各器件时钟线均接到 SCL 线上，基本结构如图 3-36 所示。单片机与各个外围器件仅靠这两条线就可实现信息交换。

I²C 总线空闲时，SDA 和 SCL 两条线均需要为高电平，因此须通过上拉电阻接正电源，如图 3-36 所示，以保证 SDA 和 SCL 在空闲时被上拉为高电平。SCL 线上时钟信号对 SDA 线上各器件间数据传输起同步控制作用。

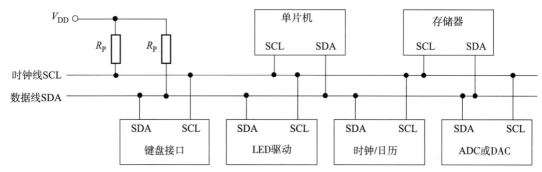

图 3-36　I²C 串行总线系统基本结构

I²C 串行总线运行由主器件控制。主器件是指启动数据的发送（发出起始信号）、发出时钟信号、传送结束时发出终止信号的器件，通常由单片机来担当。从器件可以是存储器、LED 或 LCD 驱动器、A/D 或 D/A 转换器、时钟/日历器件等，从器件须带有 I²C 串行总线接口。

主机可以采用不带 I²C 总线接口的单片机，如 AT89S52、STC89C52 等单片机，可以利用软件实现 I²C 总线的数据传送，即软件与硬件结合的信号模拟。I²C 总线系统与传统的并行总线系统相比具有结构简单、可维护性好、容易实现系统扩展和模块化标准化设计、可靠性高等优点。

2. I²C 串行总线的数据传送规定

I²C 总线数据传送时，每一数据位传送都与时钟脉冲相对应。时钟脉冲为高电平期间，数据线上数据须保持稳定；只有在时钟线为低电平期间，数据线上电平状态才允许变化，见图 3-37。

为了保证数据传送的可靠性，标准的 I²C 总线的数据传送有严格的时序要求。由 I²C 总线协议，总线上数据信号传送由起始信号 S 开始、由终止信号 P 结束。起始信号和终止信号都由主机发出，在起始信号产生后，总线就处于占用状态；在终止信号产生后，总线就处于空闲状态，如图 3-38 所示。

如图 3-38 所示，在 SCL 线为高期间，SDA 线由高电平向低电平的变化表示起始信号（S），只有在起始信号以后，其他命令才有效；在 SCL 线为高期间，SDA 线由低电平向高电平的变化表示终止信号。随着终止信号出现，所有外部操作都结束。

3. I²C 总线上数据传送的应答信号

I²C 总线数据传送时，传送字节数没有限制，但每字节须为 8 位长。数据传送时，先

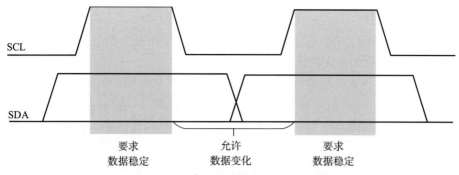

图 3-37　I²C 总线数据位有效性规定

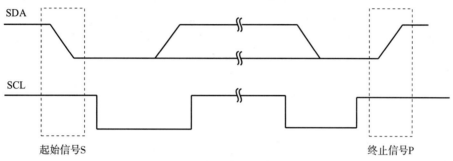

图 3-38　起始信号和终止信号

传送最高位（MSB），每一个被传送的字节后面都必须跟随 1 位应答位（应答位由从机发出，即 1 帧共有 9 位），如图 3-39 所示。

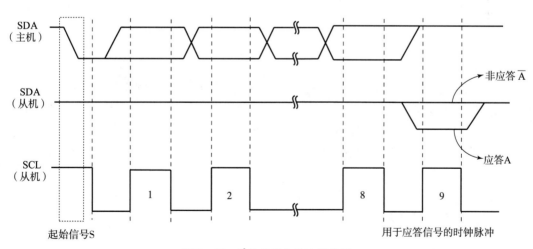

图 3-39　I²C 总线上的应答信号

　　I²C 总线在传送每一个字节数据后都须有应答信号 A，应答信号在第 9 个时钟脉冲上出现，与应答信号对应的时钟信号由主器件产生。这时发送方须在这一时钟位上使 SDA

线处于高电平状态，以便接收方在这一位上送出低电平应答信号 A。

由于某种原因接收方不对主器件寻址信号应答时，如接收方正在进行其他处理而无法接收总线上数据时，接收方必须释放总线，将数据线 SDA 置为高电平，而由主机产生一个终止信号以结束总线的数据传送。

当主器件接收来自从机数据时，接收到最后一个字节数据后，必须给从器件发送一个非应答信号（$\overline{A}$），使从机释放数据总线，以便主机发送一终止信号，从而结束数据传送。

4. 数据传送格式

I^2C 总线上传送数据信号既包括真正的数据信号，也包括地址信号。在主器件发出起始信号后，总线就处于被占用状态；在终止信号产生后，总线就处于空闲状态。在起始信号后主器件必须传送一个从器件的地址（7 位），第 8 位是数据的传送方向位（$R/\overline{W}$），用"0"表示主机发送数据，用"1"表示主机接收数据。每次数据传送总是由主器件产生的终止信号结束。如果主器件希望继续占用总线进行新的数据传送，则可以不产生终止信号，马上再次发出起始信号，对另一从器件进行寻址。

I^2C 总线数据传送必须遵循规定的数据传送格式，一次完整的数据传送应答时序如图 3 -40 所示。

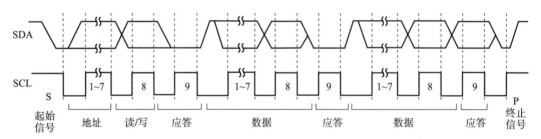

图 3 -40 I^2C 总线一次完整的数据传送应答时序

数据传送需要注意以下事项。

（1）无论何种数据传送格式，寻址字节都由主器件发出，数据字节传送方向则由寻址字节中方向位来规定。

（2）寻址字节只表明从器件的地址及数据传送方向。

（3）每个字节传送都必须有应答信号（A 或 $\overline{A}$）相随。

（4）从器件接收到起始信号后都必须释放数据总线，使其处于高电平，以便主器件发送从机地址。

寻址字节格式如图 3 -41 所示。

寻址字节	器件地址				引脚地址			方向位
	DA3	DA2	DA1	DA0	A2	A1	A0	$R/\overline{W}$

图 3 -41 寻址字节格式

如图 3 - 41 所示，7 位从器件地址为 DA3、DA2、DA1、DA0 和 A2、A1、A0，其中 DA3、DA2、DA1、DA0 为器件地址，即器件固有地址编码，出厂时就已给定。A2、A1、A0 为引脚地址，由在电路中接高电平或接地决定。

图 3 - 42 所示为 I²C 总线器件存储器 AT24C02 的接线原理图。

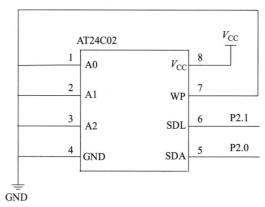

图 3 - 42　AT24C02 接线原理图

AT24C02 的器件地址 DA3、DA2、DA1、DA0 出厂时被固定为 1 0 1 0，A2、A1、A0 在电路中接地，为 0 0 0，假设为写的方式，则 R/$\overline{\text{W}}$ 为 0，因此寻址字节，也就是主机发送的第一个字节为 1 0 1 0 0 0 0 0，即 A0H。

5. 典型信号的模拟子程序

单片机在模拟 I²C 总线通信时，需编写以下 4 个函数：总线初始化、起始信号、终止信号、应答/非应答函数。

（1）总线初始化函数。初始化函数的功能是将 SCL 和 SDA 总线拉高以释放总线，参考程序如下：

```
#include < reg52. h >
#include < intrins. h >      //包含空操作函数_nop_()的头文件
sbit   SDA = P2^0;           //定义 I²C 模拟数据传送位(不同接线,SDA 定义不同)
sbit   SCL = P2^1;           //定义 I²C 模拟时钟控制位(不同接线,SCL 定义不同)
                             //总线初始化程序
void InitI2C(void)           //总线初始化函数
{
SCL =1;                      //SCL 为高电平
SDA =1;                      //SDA 为高电平
delay5μs();                  //延时约 5μs
}
```

（2）起始信号函数。有效的起始信号为时序波形在 SCL 高电平期间 SDA 发生负跳变，模拟时序如图 3－43 所示。

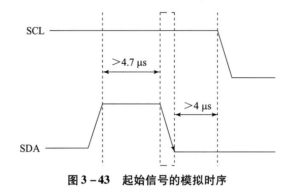

图 3－43　起始信号的模拟时序

要求起始信号前总线的空闲时间大于 4.7 μs，起始信号到第一个时钟脉冲负跳沿的时间间隔大于 4 μs。根据时序，编写的起始信号函数如下：

```
void I2CStart(void)
{
SCL = 1;
SDA = 1;
delay5us();
SDA = 0;
delay5us();
SCL = 0;
}
```

（3）终止信号函数。有效的起始信号为在 SCL 高电平期间 SDA 发生正跳变，如图 3－44 所示。

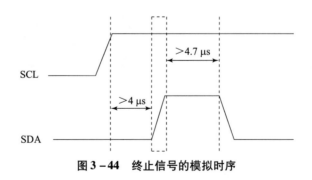

图 3－44　终止信号的模拟时序

根据时序，编写的终止信号函数如下：

```
void I2CStop(void)
{
    SDA = 0;
    SCL = 1;
    delay5us();
    SDA = 1;
    delay5us();
    SCL = 0;
}
```

（4）应答位函数。应答位的模拟时序如图 3 – 45 所示。

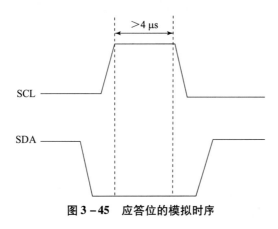

图 3 – 45　应答位的模拟时序

从机的发送应答位（或者说主机检测接收的从机应答信号）函数如下：

```
void Ack(void)
{
    unsigned char i;
    SCL = 1;
    delay5us();
    while((SDA == 1)&&(i < 255))i ++;
    SCL = 0;
    delay5us();
}
```

SCL 在高电平期间，SDA 被从器件拉为低表示应答。命令行中的（SDA = 1）和（i <
255）相与，表示若有应答信号，则 SDA = 0，不满足 while 条件，执行下一条语句，直到
程序结束。若在这一段时间内没有收到从器件的应答（SDA = 1），则主器件等待一段时间
后（执行 while 循环）默认已收到数据而不再等待应答信号。

（5）非应答位函数。非应答位的模拟时序如图 3 – 46 所示。

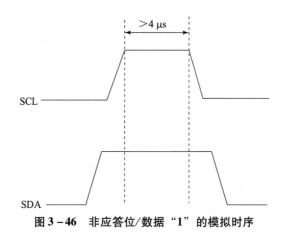

图 3 – 46　非应答位/数据 "1" 的模拟时序

主机发送的非应答位函数如下：

```
void NoAck(void)
{
    SDA = 1;
    SCL = 1;
    delay5us();
    SCL = 0;
    SDA = 0;
}
```

6. 字节收发的模拟子程序

除上述典型信号模拟外，在 I^2C 总线数据传送中，经常使用单字节数据的发送与接收。接下来介绍单字节发送与接收子程序。

1）单字节发送的子程序

下面介绍模拟 I^2C 数据线由 SDA 发送一个字节数据（可以是地址，也可是数据），发送完后需等待应答。

单字节发送子程序如下：

```
void I2C_send_byte(unsigned char byte)
{
    unsigned char i;
    for(i = 0; i < 8; i ++)
    {
        SCL = 0;
        if(byte & 0x80)
```

```
        {
            SDA =1;
        }
        else
        {
            SDA =0;
        }
          _nop_( );
          _nop_( );
        SCL =1;
        byte <<=1;

    }
    SCL =0;
    _nop_( );
    SDA =1;
    _nop_( );
}
```

2）单字节接收的子程序

模拟从 I^2C 的数据线 SDA 接收从器件的一个字节数据的子程序如下：

```
unsigned char I2C_read_byte( )
{
    unsigned char k,tdata =0;
    for( k =0;k <8;k ++)
    {
        tdata =tdata <<1;
        SDA =1;
        SCL =1;
        _nop_( );
        _nop_( );
        if( SDA ==1)
            tdata =tdata | 0x01;
        else
            tdata =tdata& 0xFE;
        SCL =0;
        _nop_( );
```

```
        _nop_();
    }
    return tdata;
    }
```

3.4.4　PCF8591 芯片

1. PCF8591 芯片简介

PCF8591 是一种具有 I^2C 的 8 位集成 A/D 及 D/A 转换芯片，芯片引脚如图 3 – 47 所示。

芯片中有四路 A/D 转换输入，一路 D/A 模拟输出。因此，PCF8591 既可以做 A/D 又可以做 D/A 转换。A/D 转换为逐次逼近型，电源典型值为5V。各引脚定义如下：

AIN0 ~ AIN3：模拟信号输入端。

A0 ~ A2：引脚地址端。

VSS：电源端负极，通常接地。

SDA、SCL：I^2C 总线的数据线、时钟线。

OSC：外部时钟输入端，内部时钟输出端。

EXT：内部、外部时钟选择线，使用内部时钟时 EXT 接地。

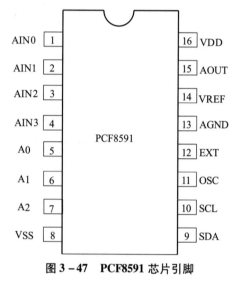

图 3 – 47　PCF8591 芯片引脚

AGND：模拟信号地。

AOUT：D/A 转换输出端。

VREF：基准电源端。

VDD：电源端（2.5 ~ 6 V）。

与典型的 ADC0832 相比，PCF8591 属于电压输出型，DAC0832 属于电流输出型。PCF8591 是具有 I^2C 总线结构的多通道 8 bit 的逐次逼近型 ADC 和一个内置 8 bit 单通道 DAC，而 ADC0832 是并行双缓冲 8 bit 的 ADC。PCF8591 在功能上强于 DAC0832。PCF8591 功能多，功耗低，单电源供电，最重要的是具有 I^2C 总线结构，串行输入/输出，节约 I/O 口资源，并能在一个处理系统中外接多个 PCF8591，能进行更多更强的处理。PCF8591 内部为单一电源供电（2.5 ~ 6 V），典型值为 5 V，CMOS 工艺。PCF8591 有 4 路 AD 输入，属逐次逼近型，内含采样保持电路；一路 8 位 DA 输出，内含 DAC 数据寄存器。AD 转换和 D/A 转换的最大速率约为 11 kHz。PCF8591 的 ADC 是逐次逼近型的，转换速率算是中速，但是它的速度瓶颈在 I^2C 通信上。由于 I^2C 通信速度较慢，所以最终 PCF8591 的转换速度，直接取决于 I^2C 的通信速率。由于 I^2C 速度的限制，所以 PCF8591 算是低速的 A/D 转换和 D/A 转换的集成芯片，主要应用在一些转换速度要求不高，希望成本较低的场合。

PCF8591 的结构如图 3 – 48 所示。

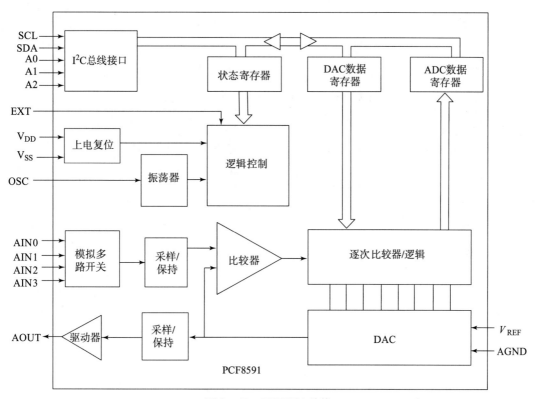

图 3 – 48　PCF8591 结构

2. PCF8591 芯片的器件地址与控制寄存器

PCF8591 采用典型的 I^2C 总线接口器件寻址方法，即总线地址由器件地址、引脚地址和方向位组成。PCF8591 器件地址格式如表 3 – 8 所示。

表 3 – 8　PCF8591 器件地址格式

器件地址（固定位）				引脚地址（可编程位）			方向位
D7	D6	D5	D4	D3	D2	D1	D0

表中：D7 为最高位（MSB），D0 为最低位（LSB）。

D7 ~ D4 为 1001，固定位，不可变。

D3 ~ D1 分别为芯片 A0、A1、A2 的电平，与硬件相关，其值由用户选择，因此 I^2C 总线系统中可接 $2^3 = 8$ 个 A/D 转换器件。

D0 为方向设置位，当为 "1" 时进行读操作，当为 "0" 时进行写操作。

总线操作时，发送到 PCF8591 的第一个字节数据由器件地址、引脚地址和方向位组成。

发送到 PCF8591 的第二个字节数据为控制字，用于控制 PCF8591 的功能。控制字寄存器如表 3 – 9 所示。

表 3 – 9   PCF8591 控制字寄存器

MSB							LSB
D7	D6	D5	D4	D3	D2	D1	D0
0	×	×	×	0	×	×	×

表 3 – 9 中，×表示数据可变，可为"0"或"1"。其他位的含义如表 3 – 10 所示。

表 3 – 10   PCF8591 控制字寄存器各位含义

D1、D0	A/D 通道选择 00 通道 0；01 通道 1；10 通道 2；11 通道 3
D2	自动增益选择（如果为 1，每次 A/D 转换后，通道号将自动增加）
D5、D4	输入模式选择：00 为 4 路单端输入；01 为 3 路差分输入；10 为单端与差分配合输入；11 为 2 路差分输入
D6	模拟输出使能位（1 有效）

3. PCF8591 芯片的 A/D、D/A 转换

PCF8591 芯片的 A/D 转换和 D/A 转换实际上就是对芯片的读/写操作。PCF8591 芯片的 A/D 转换实际上就是对 PCF8591 芯片的读操作；PCF8591 芯片的 D/A 转换实际上就是对 PCF8591 芯片的写操作。

PCF8591 芯片 A/D 转换的顺序如表 3 – 11 所示。

表 3 – 11   PCF8591 芯片 A/D 转换顺序

	第一个字节		第二个字节		第三个字节		第四个字节		
S	写入器件地址（90H 写）	A	写入控制字	A	写入器件地址（91H 读）	A	读出一个字节数据	A/$\overline{\text{A}}$	P
从 PCF8591 读数据顺序（高位在前）									

表 3 – 11 中，S 代表启动信号；A/$\overline{\text{A}}$代表应答信号或非应答信号；P 代表停止信号。

根据 PCF8591 芯片 A/D 转换顺序，A/D 转换程序（PCF8591 读函数）如下：

```
unsigned char ReadPCF8591(unsigned char Ch)
{
    unsigned char buf;
    I2CStart();
    I2C_send_byte(0x90);
    Ack();
    I2C_send_byte(0x40 | Ch);    //Ch 为 A/D 转换通道号,用十六进制表
                                 //示。Ch = 0x00 表示第一通道,Ch =
                                 //0x01 表示第二通道,以此类推
    Ack();
```

```
I2CStart();
I2C_send_byte(0x91);
Ack();
buf = I2C_read_byte();
NoAck();
I2CStop();
return(buf)
}
```

PCF8591 芯片 D/A 转换的顺序如表 3 - 12 所示。

表 3 - 12　PCF8591 芯片 D/A 转换顺序

	第一个字节		第二个字节		第三个字节		
S	写入器件地址（90H 写）	A	写入控制字	A	要写入的数据	A/$\overline{\text{A}}$	P
从 PCF8591 写数据顺序（高位在前）							

表 3 - 12 中，S 代表启动信号；A/$\overline{\text{A}}$ 代表应答信号或非应答信号；P 代表停止信号。

根据 PCF8591 芯片 D/A 转换顺序，D/A 转换程序（PCF8591 写函数）如下：

```
void WritePCF8591(unsigned char Data)
{
I2CStart();
I2C_send_byte(0x90);
Ack();
I2C_send_byte(0x40);
Ack();
I2C_send_byte(Data);
NoAck();
I2CStop();
}
```

3.4.5　实验电路原理及分析

本次实验的原理图如图 3 - 49 所示。

图 3 - 49 中，实验的主控器件为 AT89S52 单片机，单片机的引脚 P2.0 和引脚 P2.1 分别接 PCF8591 的 SDA 和 SCL 引脚，由单片机发出起始信号、时钟信号和终止信号。PCF8591 的 1、2、3、4 是 4 路 ADC 模拟输入，引脚 5、6、7 是 I^2C 总线的硬件地址，引脚 8 是电源负极（通常接地），引脚 9 和引脚 10 是 I^2C 总线的 SDA 和 SCL。引脚 12 是时

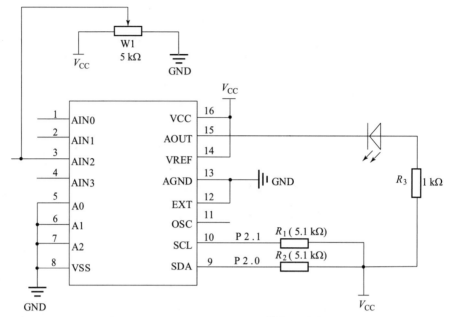

图 3 - 49　PCF8591 A/D、D/A 转换实验电路图

钟选择引脚，如果接高电平表示用外部时钟输入，接低电平则用内部时钟。实验电路中使用的是内部时钟，因此引脚 12 接地，同时引脚 11 悬空。引脚 13 是模拟地，在实际开发中，如果有比较复杂的模拟电路，那么引脚 13 在布局布线上要特别处理，而且和地的连接也有多种方式，实验电路中没有复杂的模拟电路部分，所以我们把模拟地（AGND）和电源负极（VSS）接到了一起。引脚 14 是基准源，引脚 15 是 DAC 的模拟输出，引脚 16 是供电电源 VCC。

A/D 转换实验中，模拟信号从 PCF8591 的引脚 3 输入，输入模拟电压可通过滑动变阻器来调节，A/D 转换的结果通过显示器件 LCD1602 来显示（LCD1602 显示程序见附录 1）。D/A 转换实验中，数字量由 PCF8591 的引脚 9 输入，D/A 转换的结果从引脚 15 输出，可以将引脚 15 接到示波器观察 D/A 转换后的输出波形，也可以通过 LED 灯的明暗变化来观察现象。

3.4.6　实验器件及调试步骤

实验中所用元器件：AT89S52 单片机最小系统一块、AT89S52 芯片下载器一个、PCF8591 芯片一个、滑动变阻器 W502 一个，5.1 kΩ 电阻两个。

所用仪器和设备：示波器和直流电源各一台、数字万用表和面包板各一块。

调试电路均在面包板上进行，实验调试步骤如下。

1. D/A 转换实验

（1）按图 3 - 49 连接好电路，PCF8591 芯片的电源电压（引脚 16）及参考电压（引脚 14）均接 +5 V。

（2）用万用表测量并记录 PCF8591 芯片的参考电压的电压值。

（3）调节电位器 W1 可以得 0 ~ 5 V 的模拟输入电压信号，记录模拟输入 0、1 V、2 V、3 V、4 V、5 V 时，LCD1602 显示的电压值。

（4）列表，将输入电压值和 D/A 转换后的电压值进行比较。

2. A/D 转换实验

（1）按图 3 - 49 连接好电路，在单片机中循环产生 0 ~ 255 的数字量。

（2）PCF8591 芯片把单片机产生的数字量进行 A/D 转换，通过引脚 15 接到示波器观察并记录波形。

思　考　题

1. 比较 PCF8591 芯片与 TLC0820 芯片及 DAC0800 芯片的特点，并举例说明各自适用的场合。

2. 对多路 A/D 转换进行设计仿真（最少使用两路 A/D 转换，A/D 转换芯片任意）。

3.5　RS - 232C 接口电路及单片机串行通信

3.5.1　引言

通信是指通过某种媒体将信息从一地传送到另一地。通信的基本方式有串行通信和并行通信两种方式。

1. 通信的基本方式

1) 并行通信

并行通信指使用多条数据线将数据字节的各个位同时传送，每一位数据都需要一条传输线，此外还需要一条或几条控制信号线，如图 3 - 50 所示。

并行通信的特点：各数据位同时传送，传送速度快，效率高，但是有多少数据位就需要多少根数据线，长距离传送成本高。在集成电路内部数据传送是并行的。

2) 串行通信

串行通信是将数据字节分成一位一位的形式在一条数据线上传送，如图 3 - 51 所示。

串行通信的特点：数据传输按位顺序进行，最少只需一根传输线即可完成，成本低，但是速度比并行通信慢得多。与并行通信相比，串行通信具有以下优点：①传输距离较长，可以从几米到几千米；②串行通信的通信时钟频率较易提高；③串行通信的抗干扰能力较强，信号间的互相干扰可以忽略。因此，串行通信在数据采集和控制系统中得到广泛应用。

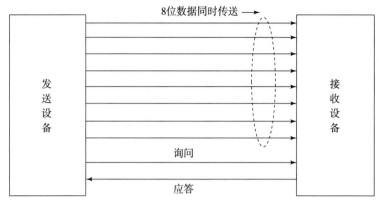

图 3 – 50　并行通信方式示意图

图 3 – 51　串行通信方式示意图

2. 串行通信的传输模式

1）单工模式

单工模式的数据传输是单向的。通信双方中，一方为发送端；另一方则固定为接收端。数据只能沿一个方向传输，不能反向传输，如图 3 – 52（a）所示。

单工模式一般用在只向一个方向传输数据的场合。如收音机，只能接收数据而不能发送数据。

2）半双工模式

半双工模式是指通信双方既可以发送数据又可以接收数据，但是接收和发送数据不能同时进行，即发送时不能接收，接收时不能发送，如图 3 – 52（b）所示。

半双工一般用在数据能在两个方向传输的场合，如对讲机。

3）全双工模式

全双工模式是指数据可以同时进行双向传输，即通信双方能在同一时刻进行发送和接收操作，如图 3 – 52（c）所示。

全双工可用在交互式应用和远程监控系统中，信息传输效率较高，典型应用如手机。

3. 同步通信和异步通信

串行通信有两种通信方式：同步通信和异步通信。通信协议是指双方实体完成通信或

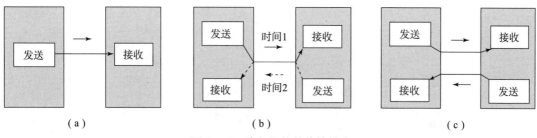

图 3 – 52　串行通信的传输模式

（a）单工模式；（b）半双工模式；（c）全双工模式

服务所必须遵循的规则和约定。也就是通信的双方应该有一个约定，什么时候开始发送，什么时候发送完毕，接收方收到的信息是否正确等。

1）同步串行通信

同步串行通信要求发收双方具有同频同相的同步时钟信号。同步通信方式是把许多字符组成一个信息组，这样，字符可以一个接一个地传输。在每组信息（通常称为信息帧）的开始要加上同步字符（常约定 1 ~ 2 个字节）指示一帧的开始，在没有信息要传输时，要填上空字符，因为同步传输不允许有间隙，最后发校验字节。同步串行通信数据格式如图 3 – 53 所示。接收方要时刻做好接收数据的准备，识别到同步字符后马上要开始接收数据了。

图 3 – 53　同步串行通信数据格式

在同步方式下，发送方除了发送数据，还要传输同步时钟信号，并按照一定的约定（如在时钟信号的下降沿的时候，将数据发送出去）发送数据。信息传输的双方用同一个时钟信号确定传输过程中每一位的位置。接收端根据发送端提供的时钟信号，以及收发双方的约定接收数据，如图 3 – 54 所示。

2）异步串行通信

异步串行通信是指收、发双方使用各自的时钟控制数据的发送和接收，为使收/发双方协调，要求收/发双方的时钟尽可能一致。异步串行通信数据格式如图 3 – 55 所示。

异步串行通信的发送方发送的时间间隔可以不均，接收方是在数据的起始位和停止位的帮助下实现信息同步的，如图 3 – 56 所示。

4. 串行通信的校验

串行通信的目的不仅仅是传送数据信息，更重要的是应确保准确无误地传送。在串行通信中，往往要对数据传送的正确与否进行校验。校验是保证传输数据准确无误的关键。

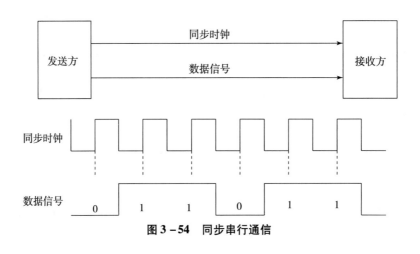

图 3 – 54 同步串行通信

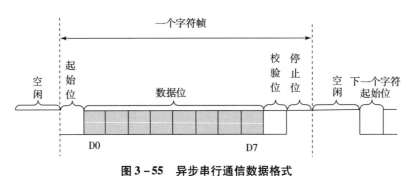

图 3 – 55 异步串行通信数据格式

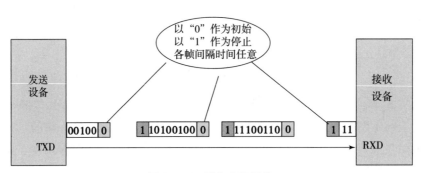

图 3 – 56 异步串行通信

常用的校验方法有奇偶校验、代码和校验以及循环冗余码校验等。下面重点介绍在异步串行通信中常用的奇偶校验。

奇偶校验的特点是按字符校验。发送字符时，数据位尾随 1 位奇偶校验位（"1"或"0"）。当设置为奇校验时，数据中"1"的个数与校验位"1"的个数之和应为奇数；当设置为偶校验时，数据中"1"的个数与校验位"1"的个数之和应为偶数。接收字符时，数据发送方与接收方应一致。在接收数据帧时，对"1"的个数进行校验，若发现不一致，则说明传输数据过程中出现了差错。

同步串行通信与异步串行通信的区别：

（1）同步串行通信要求接收端时钟频率和发送端时钟频率一致，发送端发送连续的比特流；异步串行通信时不要求接收端时钟和发送端时钟同步，发送端发送完一个字节后，可经过任意长的时间间隔再发送下一个字节。

（2）同步串行通信效率高；异步串行通信效率较低。

（3）同步串行通信较复杂，双方时钟的允许误差较小；异步串行通信简单，双方时钟可允许一定误差。

（4）同步串行通信可用于点对多点；异步串行通信只适用于点对点。

本实验是异步通信中 RS – 232C 接口电路的发送和接收情况实验及单片机串行通信实验。在了解 RS – 232C 串行通信原理的基础上，利用美信（MAXIM）公司生产的典型通信接口电路芯片 MAX232，来模拟仪器仪表与其他外部设备进行通信时 RS – 232 电平转换的过程。分别利用 10kHz 和 100kHz 的 TTL 电平方波信号作为通信发送的数据信号，输入到 MAX232 电路芯片的发送输入端，经此电路芯片变换后，发送输出端输出 RS – 232 电平数据信号；把此输出端的信号作为外部设备发送过来的 RS – 232 电平数据信号，输入到 MAX232 电路芯片的接收输入端，再经电路芯片的变换后，则在接收输出端输出 TTL 电平数据信号。接下来，利用上位机软件（可以是现成串行通信调试助手小程序）与单片机之间进行串行通信，使单片机根据上位机指令，控制 LED 灯的亮灭。

3.5.2　实验目的

（1）了解串行通信基本原理；

（2）学会 TTL – RS – 232 电平转换电路的应用；

（3）掌握单片机串行通信的工作方式及通信方法；

（4）掌握单片机串行通信的中断方式程序设计及编写。

3.5.3　RS – 232C 串行通信标准

仪器仪表如果要与其他外部设备之间交换信息通常要用到串行通信接口，常用的串行通信接口标准有 RS – 232C、RS – 422A、RS – 485 等。

1. RS – 232C 简介

RS – 232C 是美国电子工业协会（Electronic Industry Association，EIA）联合贝尔系统公司、调制解调器厂家及计算机终端生产厂家共同制定，于 1962 年公布并在 1969 年修订的串行通信标准，已经成为国际上的通用标准。1987 年 1 月，RS – 232 经修改后正式命名为 EIA – 232D。由于修改的标准并不多，因此现在很多厂商仍然用旧的名称 RS – 232C。

标准的全名是"数据终端设备（DTE）和数据通信设备（DCE）之间串行二进制数据交换接口技术标准"。其中，RS 是英文推荐标准的缩写，232 为标识号，C 表示修改次数。

该标准规定采用一个 25 个引脚的 DB25 连接器，对连接器每个引脚的信号内容加以规定，还对各种信号的电平加以规定。后来 IBM 的 PC 将 RS－232 简化成了 9 个引脚的 DB9 连接器，从而成为事实标准。而工业控制的 RS－232 接口一般只使用 RXD、TXD、GND 三条线。

RS－232C 标准通信距离短（直接相连通信距离 1.5 m 以内，通信距离 1.5~15 m 可利用 RS－232C 接口芯片如 MAX232 实现通信），并且传输速率不高（最高 20 kb/s）。后来为了提高数据传输速率和通信距离，EIA 又公布了 RS－422A、RS－485 等串行总线接口标准。

RS－422A 标准的特性使其能在长距离、高的传输速率下传输数据。它的最大传输速率为 10 Mb/s，此速率下，电缆允许长度为 12 m，如采用较低的传输速率，最大传输距离可达 1 219 m。RS－422A 与 RS－232C 主要区别是，收发双方信号地不再共地，RS－422A 采用了平衡驱动和差分接收的方法。每个方向用于数据传输的是两条平衡导线，这相当于两个单端驱动器。输入同一个信号时，其中一个驱动器输出永远是另一个驱动器反相信号。于是两条线上传输的信号电平，当一个表示逻辑"1"时，另一条一定为逻辑"0"。若传输过程中，信号中混入了干扰和噪声（以共模形式出现），由于差分接收器的作用，就能识别有用信号并正确接收传输信息，使干扰和噪声相互抵消。

RS－422A 双机通信需要四芯传输线，长距离通信不经济。在工业现场，常采用双绞线传输的 RS－485 串行通信接口，很易实现多机通信。RS－485 是 RS－422A 的变形，与 RS－422A 区别是：RS－422A 为全双工，采用两对平衡差分信号线；而 RS－485 为半双工，采用一对平衡差分信号线。RS－485 与多站互连是十分方便的，很易实现 1 对 N 的多机通信。

RS－485 与 RS－422A 一样，最大传输距离约 1 219 m，最大传输速率为 10 Mb/s。通信线路要采用平衡双绞线。平衡双绞线长度与传输速率成反比，在 100 kb/s 速率以下，才可能使用规定的最长电缆。只有在很短距离下才能获得最大传输速率。一般 100 m 长双绞线最大传输速率仅为 1 Mb/s。

2. RS－232 接口引脚定义

由于 RS－232C 并未定义连接器的物理特性，因此出现了 DB25 和 DB9 连接器，其引脚定义也各不相同。目前，计算机上 DB25 已经不存在，有些计算机存在 DB9 接口，以下以 DB9 接口为例，介绍 RS－232C 通信标准接口针脚定义。

DB-9 连接器接头如图 3－57 所示。

图 3－57 中，DB9 接口分为公头和母头，只提供异步通信的 9 个信号引脚，DB9 引脚图如图 3－58 所示。

RS－232 标准的 DB9 接口每一个引脚都有它的作用，也有信号流动的方向。从功能上来看，全部信号线分为三类，即数据线（TXD、RXD）、地线（GND）和联络控制线（DSR、DTR、RI、DCD、RTS、CTS）。表 3－13 列出了 DB9 各引脚的功能。

图 3－57 DB9 公头与母头接口

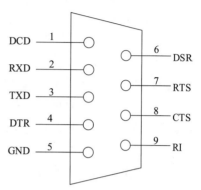

图 3－58 DB9 引脚定义图

表 3－13 DB9 串口的引脚定义与功能

引脚号	符号	通信方向	功能
1	DCD	数据通信设备→终端设备	数据载波检测
2	RXD	数据通信设备←终端设备	接收数据
3	TXD	数据通信设备→终端设备	发送数据
4	DTR	数据通信设备→终端设备	数据终端准备好
5	GND	数据通信设备＝终端设备	信号地线
6	DSR	数据通信设备←终端设备	数据准备好
7	RTS	数据通信设备→终端设备	请求发送
8	CTS	数据通信设备←终端设备	清除发送
9	RI	数据通信设备←终端设备	振铃信号指示

上述控制信号线何时有效、何时无效的顺序表示了接口信号的传输过程。例如，只有当 DSR 和 DTR 都有效时，才能在数据通信设备和终端设备之间进行传输操作。若数据通信设备要发送数据，则需预先将 DTR 线（由数据通信设备控制，用于通知终端设备可以进行传输。高电平表示数据通信设备已经准备就绪，随时可以接收信息）置成有效状态，等 DSR 线（此引脚由终端设备控制，当数据通信设备收到此引脚的信息后，便把准备传输的信息送到终端设备）上收到有效状态的应答时，才能在 TXD 线上发送串行数据。

3. 波特率

波特率的定义为串行口每秒钟发送（或接收）的二进制的位数，通常用 bit/s（bits per second）作为单位。

波特率的倒数即为每位数据的传输时间。如波特率为 1 200 bit/s 的通信系统，其每位的传输时间约为 0.833 ms。

波特率和字符传输速率不同，若串行通信的帧数据位为 8 位，采用奇校验，则一帧数据共 11 位，也即一个字符 11 位二进制数。如波特率为 1 200 bit/s，则实际的字符传输速率为 1 200/11 = 109.09 bit/s。波特率也不同于发送时钟和接收时钟频率。同步通信的波特率和时钟频率相等，而异步通信的波特率通常是可变的。

通信协议规定了标准的传输速率，一般常用的标准速率有 300 bit/s、600 bit/s、1 200 bit/s、2 400 bit/s、4 800 bit/s、9 600 bit/s、14 400 bit/s、19 200 bit/s、28 800 bit/s 等。波特率的选择应该说越快越好，但是如果设备间距离较远，信号的传输会产生延迟，为了避免延迟引起的错码现象，较长的传输线要降低传输速率，选择较低的波特率，通常根据仪器设备之间的传输距离来定。

在两个设备间通信时，要使用相同的波特率，并结合信号帧的格式，通过 RS – 232 接口电路的传送，就可以交换数据进行通信了。

3.5.4 RS – 232 电平和 TTL 电平的转换

1. RS – 232C 电平标准

RS – 232C 电平标准采用的是负逻辑，如下：

正电平范围 +3 ~ +15 V，代表逻辑 "0"；

负电平范围 –15 ~ –3 V，代表逻辑 "1"。

在 RTS、CTS、DSR、DTR 和 DCD 等控制线上信号有效为 +3 ~ +15 V（正电压，逻辑 "0"）；信号无效为 –15 ~ –3 V（负电压，逻辑 "1"）。

以上规定说明了 RS – 232C 标准对逻辑电平的定义。对于数据（信息码），逻辑 "1" 的电平低于 –3 V，逻辑 "0" 的电平高于 3 V。对于控制信号，信号有效的电平高于 +3 V，信号无效的电平低于 –3 V。在 –3 ~ 3 V 的电压，低于 –15 V 或高于 15 V 的电压无意义。因此，实际工作时应保证电平为 ±（3 ~ 15）V。

2. TTL 电平标准

在数字电路中，由 TTL 电子元器件组成的电路使用 TTL 电平。TTL 电平的规定如下：

对于输出：高电平≥2.4 V，代表逻辑 "1"；

低电平≤0.4V，代表逻辑 "0"。

对于输入：高电平≥2.0 V，代表逻辑 "1"；

低电平≤0.8 V，代表逻辑 "0"。

TTL 电平信号对于计算机处理器控制的设备内部的数据传输是很理想的，首先计算机处理器控制的设备内部的数据传输对于电源的要求不高，热损耗也较低；另外，TTL 电平信号直接与集成电路连接而不需要价格昂贵的线路驱动器以及接收器电路。例如，计算机处理器控制的设备内部的数据传输是在高速下进行的，而 TTL 接口的操作恰能满足这个要求。TTL 电平不适合长距离传输，抗干扰能力弱，衰减较大。因此，要想长距离传输，可转换为 RS – 232 电平后进行传输。

3. RS – 232 电平与 TTL 电平转换方法

RS – 232 电平和 TTL 电平的转换可以采用分立器件实现，也可以采用 RS – 232/TTL 转换芯片实现。常用的芯片有 MAX232、MAX3232、SP232、SP3232 等。MAX232 芯片是 TTL 电平与 RS – 232 电平的专用双向转换芯片，不同引脚实现 TTL 转 RS – 232 或 RS – 232 转 TTL 的功能。

1）分立元器件实现 RS – 232 电平与 TTL 电平的转换

使用分立元器件进行电平转换电路成本较低，适用于对成本要求严格的场合，电路原理图如图 3 – 59 所示。

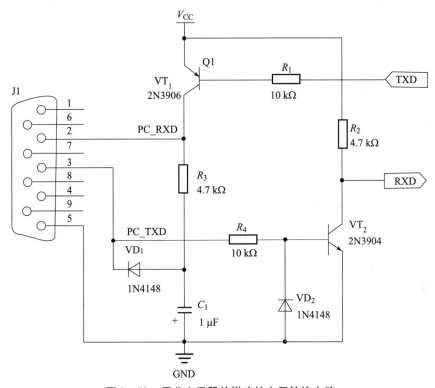

图 3 – 59　用分立元器件搭建的电平转换电路

电路的工作过程分为 RS – 232 电平转 TTL 电平过程和 TTL 电平转 RS – 232 电平过程。

（1）RS – 232 电平转 TTL 电平过程。假设 PC 发送逻辑电平 "1"（假设 PC 自带串口），此时 PC_TXD 为高电平（电压 –15 ~ –3 V），显然这个时候 VT_2 是处于截止状态的，由于 R_2 上拉的作用，RXD 的电平与 VCC 相等的为 5 V，也是逻辑 "1"；假如 PC 发送逻辑电平 "0"，此时 PC_TXD 为低电平（电压 3 ~ 15 V），显然 VT_2 是处于导通状态的，RXD 的电位为 "0"，也就是逻辑 "0"。这样就实现了 RS – 232 电平到 TTL 电平的转换。

（2）TTL 电平转 RS – 232 电平过程。假设 TTL 端 TXD 发送逻辑电平 "1"，则 VT_1 截止，而 PC_TXD 的空闲状态默认为高电平，电压为 –15 ~ –3 V，这样会通过 VD_1 和 R_3 将

PC_RXD 拉成高电平 1（–15 ~ –3 V）；假如 TTL 端 TXD 发送逻辑电平"0"，VT_1 导通，则 PC_RXD 端为低电平"0"（电压 5V 左右），这样就实现了 TTL 电平到 RS – 232 电平的转换。

2）MAX232 实现 RS – 232 电平与 TTL 电平的转换

除了用分立元器件搭建电路外，还有许多现成的转换芯片，常用的有 MAX232、MAX3232、SP232、SP3232 等。其中 MAX232 芯片是美信（MAXIM）公司专为 RS – 232 标准串口设计的单电源电平转换芯片，使用 5 V 单电源供电。MAX232 芯片内部具有电压倍增电路和转换电路。其中，电压倍增电路可以将单一的 5 V 转换为 RS – 232 所需的 ± 10 V，转换原理与上述分立器件原理相同。MAX232 芯片电平转换电路可完成 TTL 到 RS – 232，RS – 232 到 TTL 的双向电平的转换。MAX232 芯片的引脚应用信息如图 3 – 60 所示。

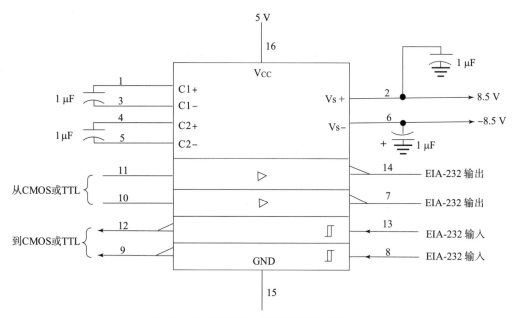

图 3 – 60　MAX232 芯片的引脚应用信息

MAX232 的连接图如图 3 – 61 所示。其中 10、9 引脚是 TTL 电平的输入和输出端，7、8 引脚（对应 10、9 引脚）是 RS – 232 电平的输出与输入端。

目前，大部分的 PC 都省略了 RS – 232 串口，尤其是笔记本电脑，一般没有串行接口。那将怎样进行串行通信呢？通常，可以借助 USB 转 RS – 232 的方法。常用的 USB 到 RS – 232 转换芯片有 CH340、PL2303、CP2102 等。以 PC 与单片机进行串行通信为例，使用 CH340 芯片进行 USB 到 RS – 232 转换的示意图如图 3 – 62 所示。计算机安装完 CH340 驱动后，在计算机的设备管理器中会有相应的串口号 COM x（x 为数字，如 0、1、2 等）出现，此时可以与单片机开发板进行串行通信。

为了便于理解和比较，图 3 – 63 给出了计算机自带 RS – 232 串口、单片机开发板上同样带 RS – 232 串口、计算机与单片机之间的串行通信示意图。

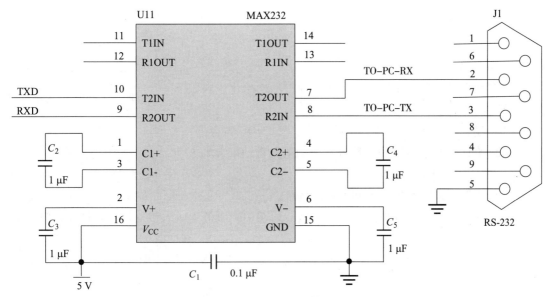

图 3 - 61　NAX232 连接原理图

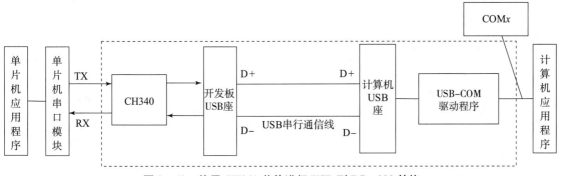

图 3 - 62　使用 CH340 芯片进行 USB 到 RS - 232 转换

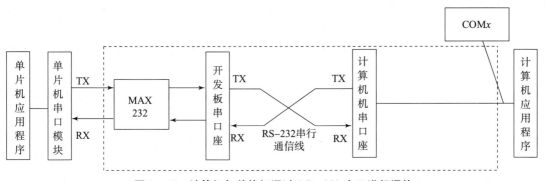

图 3 - 63　计算机与单片机通过 RS - 232 串口进行通信

3.5.5 单片机串行通信

1. 串行通信的初始化

实验中使用 AT89S52 单片机，串行通信的初始化步骤如下。

1）设置波特率

（1）设置定时器 T1 为工作方式 2（设置 TMOD 寄存器）；

（2）给计数器赋初值（工作方式 2 初值会自动重装）。

2）设置串口工作方式

（1）设置 SCON 寄存器和 PCON 寄存器；

（2）如果使用中断方式进行串行通信，写明中断服务程序入口地址，并打开相应的中断和总中断；

（3）打开定时器 T1，产生相应的波特率（设置 TCON 寄存器中的 TR1）。

2. 串行通信的寄存器

串口初始化主要涉及四个寄存器 TMOD、SCON、PCON 和 TCON。

1）定时器/计数器工作方式控制寄存器 TMOD

用于设定定时器/计数器的工作方式（只能用字节传送指令设置其内容，不能进行位操作），如表 3 – 14 所示。

表 3 – 14　工作方式控制寄存器 TMOD

位	D7	D6	D5	D4	D3	D2	D1	D0
名称	GATA	C/$\overline{\text{T}}$	M1	M0	GATA	C/$\overline{\text{T}}$	M1	M0

TMOD 的低半个字节对应定时器/计数器 0，高半字节对应定时器/计数器 1，前后半字节的位格式完全对应。

表中：GATE 为门控位。GATE = 0，定时/计数器的启动和禁止仅由 TRx（x = 0/1）决定；

GATE = 1，定时/计数器的启动和禁止由 TRx（x = 0/1）和外部中断引脚（$\overline{\text{INT0}}$ 或 $\overline{\text{INT1}}$）上的电平同时决定。

C/$\overline{\text{T}}$为定时方式或计数方式选择位。C/$\overline{\text{T}}$ = 1，设置为计数器模式；C/$\overline{\text{T}}$ = 0，设置为定时器模式。

M1、M0 为工作方式选择位。每个定时器/计数器都有四种工作方式，通过 M1、M0 来设置，对应关系如表 3 – 15 所示。

表 3 – 15　定时器/计数器工作方式选择

M1	M0	定时器/计数器工作方式
0	0	方式 0，为 13 位定时器/计数器

M1	M0	定时器/计数器工作方式
0	1	方式 1，为 16 位定时器/计数器
1	0	方式 2，8 位的初值自动重装的定时器/计数器
1	1	方式 3，仅适用于 T0，此时 T0 分成两个 8 位计数器，T1 停止计数

2）定时器/计数器控制寄存器 TCON

TCON 的主要功能是控制定时器/计数器是否工作、标志哪个定时器/计数器产生中断或者溢出等。定时器/计数器控制寄存器 TCON 如表 3 – 16 所示。

表 3 – 16　定时器/计数器控制寄存器 TCON

位	D7	D6	D5	D4	D3	D2	D1	D0
名称	TF1	TR1	TF0	TR0	IE1	IT1	IE0	IT0
地址	8FH	8EH	8DH	8CH	8BH	8AH	89H	88H

其中，与串行通信相关的位是 TR1，TR1 = 1，用于启动定时器/计数器 1 工作。

3）串行口控制寄存器 SCON

串行口控制寄存器 SCON 用于设置串行口的工作方式、监视串行口的工作转态、控制发送与接收的状态等，是一个既可以字节寻址又可以位寻址的 8 位寄存器。串行口控制寄存器的格式如图 3 – 64 所示。

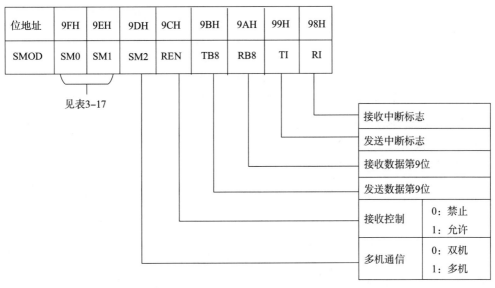

图 3 – 64　串行口控制寄存器格式

（1）SM0 SM1：串行口的工作方式选择位，如表 3 – 17 所示。

表 3 – 17　串行口的四种工作方式选择位

SM0	SM1	工作方式	功能说明
0	0	0	同步移位寄存器方式（用于扩展 I/O 口）
0	1	1	8 位异步收发，波特率可变（由定时器控制）
1	0	2	9 位异步收发，波特率为 $f_{osc}/64$ 或 $f_{osc}/32$
1	1	3	9 位异步收发，波特率可变（由定时器控制）

（2）SM2：多机通信控制位。在方式 0 中，SM2 必须设置成"0"；在方式 1 中，当处于接收状态时，若 SM2 =1，则只有接收到有效的停止位时，RI 才被置"1"，产生中断请求；在方式 2 和方式 3 中，若 SM2 =0，则不论接收的第 9 位数据（RB8）是"1"还是"0"，都将前 8 位数据送入 SBUF 中，并使 RI 置"1"，产生中断请求。若 SM2 =1，则只有当接收到的第 9 位数据（RB8）为"1"时，才使 RI 置"1"，产生中断请求，并将接收到的前 8 位数据送入 SBUF。当接收到的第 9 位数据（RB8）为"0"时，则将接收到的前 8 位数据丢弃。

（3）REN：允许串行接收位。该位由软件设置，REN =1，允许接收；REN =0，禁止接收。

（4）TB8：要发送的第 9 位数据，其值由软件置"1"或清"0"。在双机串行通信时，一般作为奇偶校验位使用；在多机串行通信中用来表示主机发送的是地址帧还是数据帧，TB8 =1 为地址帧，TB8 =0 为数据帧。

（5）RB8：接收数据的第 9 位。在方式 2 和方式 3 时，RB8 存放接收到的第 9 位数据（可作为奇偶校验位）；方式 1 中，若 SM2 =0，则 RB8 接收到的是停止位；方式 0 中，该位未用。

（6）TI：TI =1，表示一帧数据发送结束。CPU 响应中断后，在中断服务程序中向 SBUF 写入要发送的下一帧数据。TI 必须由软件清"0"。

（7）RI：RI =1，表示一帧数据接收完毕，并申请中断，要求 CPU 从接收 SBUF 取走数据。RI 必须由软件清"0"。

4）特殊功能寄存器 PCON

特殊功能寄存器 PCON 的格式如表 3 – 18 所示。

表 3 – 18　特殊功能寄存器 PCON

位	D7	D6	D5	D4	D3	D2	D1	D0
名称	SMOD	(SMOD0)	(LVDF)	(POF)	GF1	GF0	PD	IDL

其中，与串行通信相关的位是 SMOD 位。SMOD =0，波特率正常，不加倍；SMOD =1，波特率加倍。

3.5.6　实验电路原理及分析

1. RS－232 接口电路实验

RS－232 接口电路实验（MAX232 芯片进行电平转换）原理如图 3－65 所示。

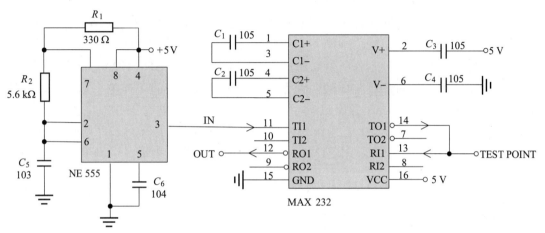

图 3－65　RS－232 接口电路实验原理图

从图 3－65 可以看出，实验电路由两部分组成。左边 NE555 电路组成一个多谐振荡器，变换电容 C_5 的数值可产生不同频率的方波信号。我们把振荡器产生的方波信号作为串行通信要发送的数字量信号（TTL 电平），输入到 MAX232 芯片的输入端（引脚 11），作为 RS－232 接口电路的输入信号；MAX232 芯片的输出为 RS－232 电平（引脚 14），此输出就是与外部设备进行 RS－232 通信的信号。再把此信号作为外部设备发送过来的 RS－232 信号回送到 MAX232 芯片的接收输入端（引脚 13），则在接收输出端（引脚 12）重新输出 TTL 电平。

实际上，此实验就是用一个连续振荡的方波信号输入给 RS－232 接口电路来模拟串行通信的发送和接收，观察测量 RS－232 接口电路的电平转换过程。

2. 单片机串行通信实验

使用单片机最小系统进行串行通信实验。使用串口助手小软件作为上位机软件来发送数据，从而控制单片机进行相应动作。上位机发送字符"1"，则第一个 LED 点亮，其他 7 个 LED 等熄灭；上位机发送字符"2"，则第二个 LED 点亮，其他 7 个 LED 等熄灭；以此类推，分别点亮与 P0 连接的 8 个 LED 灯。

3.5.7　实验器件及调试步骤

实验中所用元器件：NE555 芯片一个、MAX232 芯片一个、1 μF 电容（105）四个、0.1 μF 电容（104）一个、0.01 μF 电容（103）一个、0.001 μF 电容（102）一个、

330 Ω 电阻一个、5.6 kΩ 电阻一个、AT89S52 单片机最小系统一块、AT89S52 芯片下载器一个、串行通信数据线一条。

所用仪器和设备：示波器和直流电源各一台、数字万用表和面包板各一块。特别注意，本次实验需要用到笔记本电脑。

RS-232 接口电路实验调试电路在面包板上进行，单片机串行通信实验使用单片机最小系统实验板，实验调试步骤如下。

（1）按图 3-65 连接电路，测量并记录 MAX232 芯片（引脚 2 和引脚 6）电荷泵的输出电压。

（2）电容 C_5 使用两种，分别是 0.01 μF（103）和 0.001 μF（102），首先使 NE555 电路产生大约 10 kHz 和 100 kHz 的两种方波信号来模拟发送的 TTL 电平信号，输入到 MAX232 芯片的发送输入端（引脚 11），经变换后，发送的输出端（引脚 14）输出 RS-232 电平；然后把此 RS-232 电平作为外部设备发送回来的 RS-232 电平，回送到 MAX232 芯片的接收输入端（引脚 13），经变换后，则接收输出端（引脚 12）输出 TTL 电平。

（3）在两种频率情况下，测量并记录 MAX232 芯片的发送输入端（引脚 11）、发送输出端（引脚 14）、接收输出端（引脚 12）输出的波形及它们的相位关系。

（4）连接笔记本电脑和单片机最小系统。

（5）编写串行中断程序，要求：用 AT89S52 单片机串行中断进行通信，波特率为 9.6 kb/s。使用串口助手小软件作为上位机控制软件，发送字符"1"，则第一个 LED 灯点亮，其他 7 个 LED 灯熄灭；上位机发送字符"2"，则第二个 LED 灯点亮，其他 7 个 LED 灯熄灭；以此类推，分别点亮与 P0 连接的 8 个 LED 灯；

（6）将程序写入单片机，并进行测试。

思　考　题

1. 分析通过实验测出的两个频率的波形有什么不同，试说明其情况。

2. 波特率为 9 600 bit/s 的通信系统中，数据帧格式为：一个起始位、八个数据位、一个奇偶校验位、两个停止位和三个空闲位，试算出每秒能传送多少个数据帧。

3. 假设上位机软件需要自己编写程序，考虑采用什么编程语言可进行快速编写。如果有能力，请编程实现。

第 4 章

综合设计实验

　　综合设计实验的目的是通过实践提高学生发现问题、分析问题和解决问题的能力，培养学生勇于探索、严谨求实、团结协作的精神，对于培养高素质、创新型人才有重要意义。本章包括 6 个实验，包括数字电压表的设计与实现、数字光照强度检测系统设计与实现、红外防盗报警系统设计与实现、基于 DDS 的波形发生器设计与实现、心率及血氧检测系统设计与实现、视频图像采集处理系统设计与实现，每个实验都包含光电信息检测、信号处理、数据分析与显示等与电子电路及信号处理相关的多方面理论和实践内容，实用性强，已广泛应用于生产、科研和生活中，可以提高学生的工程实践能力和创新性思维。

　　在进行完前 3 章的基础实验后，可以尝试用前面所学知识解决一个实际应用问题。实验要求从需要解决的实际问题出发，进行搜集相关资料、开展课题论证、完善设计思路、制定调试方案、完成设计报告等多个环节的训练，能够为日后从事科研工作打下良好的基础。综合实验设计的思路如图 4 – 1 所示。

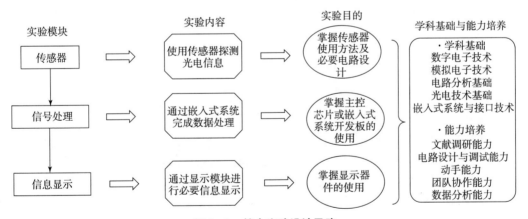

图 4 – 1　综合实验设计思路

　　实验设计时确定以学生为中心、项目为导向的实验模式。实施中，学生根据已有知识，结合自身优势，可以自由选择部分实现方案，从而拓宽思路。这种实验模式能够激发学生的兴趣和学习热情，增强学生之间的相互交流和讨论，有效提高实验效果。通过较为复杂的综合实验设计项目，能够促进解决复杂工程问题能力的培养，使学生初步掌握小型的光电系统设计流程和设计方法。

4.1 数字电压表的设计与实现

4.1.1 引言

在电量的实际测量中，电压、电流、频率是最基本的三个被测对象。其中，电压的测量最频繁。电压的呈现形式多样，例如汽车油量、温度、气压、压力等这些信息都可以电压的形式呈现，并且与电压之间存在某种特定的映射关系，展现出非常丰富的信息。随着半导体技术、集成电路和微处理器技术的发展，高精度电压的测量成为必然。因此，数字电压表就成为必不可少的测量工具。

数字电压表的主要功能是通过模/数转换技术，将模拟电压信号转换成数字信号，然后通过主控芯片，将测量结果显示在相关的显示模块上。数字式仪器因具有读数准确、精度高、误差小、测量速度快等优点而在医疗，工业等各行业得到广泛应用。

4.1.2 设计任务及要求

（1）设计任务：设计一个简易数字电压表，测量范围为 0~5 V，测量精度为 0.01 V。

（2）基本要求：以 51 单片机（或其他智能芯片）为主控器件，通过 A/D 转换芯片，将采集的模拟电压量转换成数字量；用液晶显示器（LCD）或数码管显示测量的电压值；将测量的结果通过蓝牙在手机上显示。设计并搭建硬件系统，进行软件仿真，编写测量程序，完成调试，完成设计报告。

注：在满足设计任务要求的情况下，若有其他更好实现方法也可，LCD1602 显示方法见附录 2，蓝牙模块的使用方法见附录 4。

4.1.3 设计思路及分析

以 51 单片机做主控器件为例，设计一个可以测量电压的数字电压表，主要包括数据采集、数据处理及电压显示三大部分，如图 4-2 所示。

选用合适的 A/D 转换芯片将输入的模拟电压信号转换为数字信号，然后经过 51 单片机对数字信号进行运算处理，处理后的信号由 LCD1602 或数码管显示，进一步可通过蓝牙或 Wi-Fi 同步传输到手机。

注：图 4-2 只是一种设计思路，如果有更好方法实现亦可。

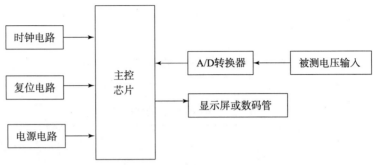

图 4 – 2　数字电压表系统框图

4.1.4　相关知识概述

数字电压表设计中，关键的部分在于 A/D 转换器的选择和使用。前面的实验中使用过 TLC0820、PCF8591 两种 A/D 转换器，接下来再介绍两种 A/D 转换器，分别是 ADC0809 和 ADC0832。ADC0809 是 8 通道 A/D 转换器，可以对 8 路输入信号进行 A/D 转换；ADC0832 是 2 通道 A/D 转换器，可以对 2 路输入信号进行 A/D 转换。ADC0809 是并行 A/D 转换器，ADC0832 是串行 A/D 转换器。

1. ADC0809 简介

ADC0809 是一种逐次比较型 8 路模拟输入、8 位数字量并行输出的 A/D 转换器。它采用 5 V 电源供电，信号电压输入范围 0~5 V，最高采样频率为 10 kHz，能够满足一般采集系统的要求。片内带有锁存功能的 8 选 1 模拟开关，由 C、B、A 的编码来决定所选的通道。完成一次转换需 100 μs 左右（此时 CLK 为 640 kHz，转换时间与 CLK 脚的时钟频率有关，如时钟为 500 kHz 时，转换时间为 130 μs），具有输出 TTL 三态锁存缓冲器，可直接连到单片机数据总线上。通过适当的外接电路，ADC0809 可对 0~5 V 的模拟信号进行转换。

ADC0809 的引脚如图 4 – 3 所示。

ADC0809 共有 28 个引脚，双列直插式封装，引脚功能如下。

（1）IN0~IN7：8 路模拟信号输入端。

（2）D0~D7：转换完毕的 8 位数字量输

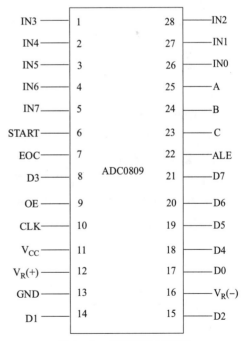

图 4 – 3　ADC0809 引脚图

出端。

（3）EOC：转换结束信号。当 A/D 转换开始时，该引脚为低电平；当 A/D 转换结束时，该引脚为高电平。

（4）A、B、C 与 ALE：控制 8 路模拟输入通道的切换。A、B、C 的三位编码对应 8 个通道地址端口。通道选择如表 4 - 1 所示。

表 4 - 1　ADC0809 通道选择表

C	B	A	选择的通道
0	0	0	IN0
0	0	1	IN1
0	1	0	IN2
0	1	1	IN3
1	0	0	IN4
1	0	1	IN5
1	1	0	IN6
1	1	1	IN7

各路模拟输入之间切换由软件改变 C、B、A 引脚的编码来实现。ALE 为地址锁存允许输入线，当 ALE 线为高电平时，地址锁存器将 A、B、C 三条地址线的地址信号进行锁存，经译码后被选中的通道的模拟量通过转换器进行转换。

（5）OE 为转换结果输出允许端。

（6）START 为启动信号输入端。

（7）CLK 为时钟信号输入端。

（8）V_R（+）、V_R（-）为基准电压输入端。

ADC0809 工作的时序如图 4 - 4 所示。

由图 4 - 4 可见，ADC0809 的工作过程如下。

（1）输入 3 位地址（A、B、C），并使 ALE = 1，将地址存入地址锁存器中，经地址译码器译码从 8 路模拟通道中选通一路模拟量送到 A/D 转换器。

（2）送 START 一高脉冲，START 的上升沿使逐次逼近型寄存器复位，下降沿启动 A/D 转换，并使 EOC 信号为低电平。

（3）当转换结束时，转换的结果送入输出三态锁存器，并使 EOC 信号回到高电平，通知 CPU 已转换结束。

（4）当 CPU 执行一条读数据指令，使 OE 为高电平，则从输出端 D0 ~ D7 读出数据。

2. ADC0832 简介

ADC0832 是广泛应用于电子电路的一种常见的 A/D 转换芯片，在基准电压为 5 V 时，最小可识别电压值为 0.031 4 V，可满足大多数电路的转换要求。ADC0832 芯片的主要特点如下。

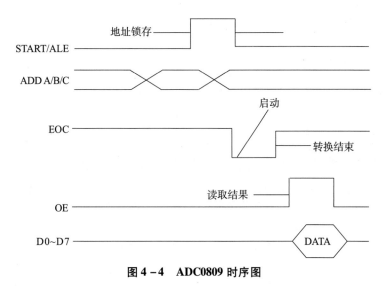

图 4 - 4　ADC0809 时序图

（1）具有 8 位分辨率，转换结果寄存器中的数据为 0 ~ 255。

（2）具有 CH0 和 CH1 双通道转换。

（3）输入与输出电平和 TTL/CMOS 兼容。

（4）采用 5 V 电源供电，信号电压输入范围 0 ~ 5 V。

（5）工作频率是 250 kHz，转换时间为 32 μs。

（6）功耗较低，一般是 15 mW 左右。

ADC0832 的引脚如图 4 - 5 所示。

ADC0832 共 8 个引脚，双列直插式封装。引脚功能
如下。

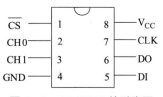

图 4 - 5　ADC0832 的引脚图

（1）$\overline{CS}$：片选端，低电平有效。

（2）CH0，CH1：模拟输入通道 0 和 1。

（3）GND：芯片地。

（4）DI：数据信号输入，选择通道控制。当对 DI 端输入不同的二位数据时，芯片会
选择不同的模拟通道进行 A/D 转换。通道选择如表 4 - 2 所示。

表 4 - 2　ADC0832 通道选择表

DI 端输入数据		功　能
0	0	差分输入（CH1 负极性输入端，CH0 正极性输入端）
0	1	差分输入（CH0 负极性输入端，CH1 正极性输入端）
1	0	单通道（CH0）
1	1	单通道（CH1）

（5）DO：数据信号输出，转换数据输出。

（6）CLK：芯片时钟输入端。

（7）V_{CC}/REF：电源端及参考电压输入端（复用）。

ADC0832 工作的时序如图 4−6 所示。

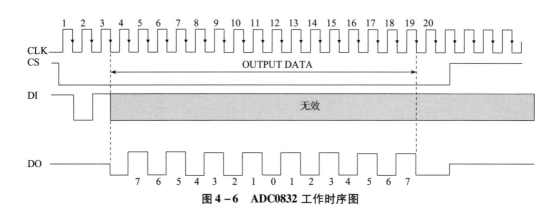

图 4−6　ADC0832 工作时序图

一般情况下，单片机与 ADC0832 连接需要 4 条线，依次是 CLK、DO、DI 和 CS。由于 DO 和 DI 端与单片机是双向通信，并且与单片机通信时并不是同时进行，所以在电路设计中，可以将 DO 和 DI 连接在一根数据线使用。当 ADC0832 不工作时，$\overline{CS}$端的输入应为高电平，DI、DO 和 CLK 的电平可以是任意的；当 ADC0832 需要工作时，必须先将$\overline{CS}$端输入低电平并且一直保持到工作结束，此时单片机向 CLK 端输入时钟脉冲。

由图 4−6 可见，ADC0832 的工作过程如下。

（1）在第 1 个时钟脉冲下降沿到来之前，DI 端为高电平，表示转换起始信号的发生。在第 3 个脉冲下降沿到来之前，通过向 DI 端输送 2 位数据来实现通道选择的功能。

（2）在第 3 个脉冲信号到来之后，DI 引脚的输入电平就失去了输入作用。这时，正式开始对数据的转换，也就是通过 DO 引脚读取转换的数据。

（3）从第 4 个脉冲的下降沿到来开始，DO 引脚从最高位 DATA7 开始输出转换数据。随着之后的每一个脉冲的下降沿，引脚 DO 都会输出下一位数据。当第 11 个时钟脉冲下降沿到来，DO 输出最后的数据 DATA0。这样，一个字节的 8 位数据就输出完毕了。

（4）输出相反字节的数据，即从第 11 个脉冲的下降沿，输出上一个字节最后发出的数据 DATA0。随后继续输出余下 7 位数据，在第 19 个脉冲时，完成对数据的输出，这样一次 A/D 转换完毕。

（5）最后将引脚$\overline{CS}$的电平置"1"以禁用芯片，可以将转换后的数据进行处理。

4.2　数字光照强度检测系统设计与实现

4.2.1　引言

近年来，随着光学辐射在工业、农业、军事和科学研究等方面的应用日益广泛，辐射测量的重要性也与日俱增，同时对材料的辐射度和光度特性的测量也日趋重要，光度测量技术得到很大发展。光照强度测量只是光度测量中的一种，光照强度测量因测量原理比较简单因而得到了广泛应用。

光照强度（光照度）测量在国民经济中有着重要的用途。人类的生存和发展都离不开光，在多种行业经常需要测量电光源、自然光和其他发光体产生的光照强度。从室内照明（如教室、办公室等）到公共环境照明（如道路、公园等）；从工农业（如温室大棚）到军事（如夜视仪等）等各种照明设施，都需要用到光照强度测量系统进行精确的光照度测量，因为光照度的强弱直接影响到视力、道路行车安全及农作物生长等。光照度测量备受重视并且应用得较为普遍，更是深入到我们的生活和工作的众多领域之中。

4.2.2　设计任务及要求

（1）设计任务：设计一个光照强度测量与报警系统，当光照强度超出设定的阈值时，用蜂鸣器报警。

（2）基本要求：以 51 单片机（或其他智能芯片）为主控器件，可以利用现成的光照采集模块（如 GY-30）测量光照强度；设定阈值（可以任意设置）并进行比较，当光照过强，超过阈值时，主控芯片发出指令控制蜂鸣器报警并点亮一个 LED 灯，并使 LED 灯闪烁；用 LCD1602 显示屏显示测量的光照度值；设计并搭建硬件系统，编写测量程序，完成调试，完成设计报告。

注：在满足设计任务要求的情况下，若有其他更好实现方法也可，LCD1602 显示方法见附录 2。

4.2.3　设计思路及分析

以 51 单片机做主控器件为例，利用现成的光照采集模块测量光照强度并进行报警，系统框图如图 4-7 所示。

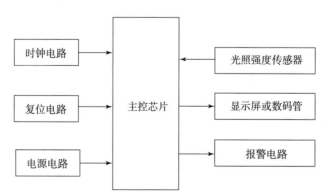

图 4-7　数字光照强度测量及报警系统框图

如图 4-7 所示，系统可分为四个部分，即光照采集模块、单片机数据处理模块、LCD 显示模块和报警模块。其中，光照采集模块可以采用 GY-30 模块，该模块以数字光照传感器 BH1750FVI 为核心。CY-30 光照采集模块通过内置的 BH1750FVI 数字光照传感器，采集光强信号，传感器内置精度 16 位的 A/D 转换器，通过 I^2C 标准总线接口将数据传送到单片机，单片机对数据进行处理，将光强值显示到 LCD 显示屏上，并与内置阈值进行比较，如果超出阈值，单片机则控制蜂鸣器和 LED 灯做出相应示警。

4.2.4 相关知识概述

1. 光度学相关概念

光度量是光辐射量在人眼上的视觉感应强度值，可以通过人眼的视觉效果来衡量。对于可见光谱范围各波长的光刺激，人眼均能响应，但不同波长处的光强引起的人眼光感受并不一致，如对绿光最灵敏，而对红光、蓝光灵敏度最低。国际照明委员会（CIE）推荐采用平均值的方法，确定人眼视觉对各种波长的光的平均响应灵敏度，称为光谱光视效率 $V(\lambda)$。人眼对于光谱感应区间为 380～780 nm，在明视情况下，即光亮度大于 3 cd/m² 时，光谱光视效率 $V(\lambda)$ 峰值在波长 555 nm 处最大。做归一化处理，若规定在波长 555 nm 处 $V(\lambda)=1$，则在其他波长 $V(\lambda)$ 均小于 1，光谱光视效率曲线如图 4-8 所示。

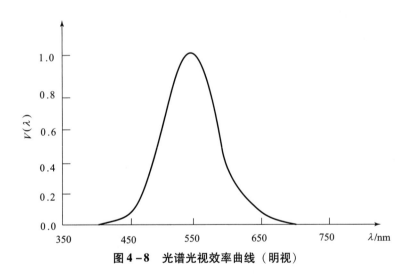

图 4-8 光谱光视效率曲线（明视）

基本的光度量、定义式、单位和符号如表 4-3 所示。

表 4-3 光度量和单位

光度量名称	符号	定义式	单位名称	单位符号
光通量	Φ	$\Phi = K_m \int \Phi_{e,\lambda} V(\lambda) \mathrm{d}\lambda$	流明	lm

光度量名称	符号	定义式	单位名称	单位符号
发光强度	I	$I = \mathrm{d}\Phi/\mathrm{d}\Omega$	坎德拉	cd
光亮度	L	$L = \dfrac{\mathrm{d}I}{\mathrm{d}S\cos\theta} = \dfrac{\mathrm{d}^2\Phi}{\mathrm{d}\Omega\mathrm{d}S\cos\theta}$	坎德拉/米^2	cd/m^2
光照度	E	$E = \mathrm{d}\Phi/\mathrm{d}S$	勒克斯	lx

1）光通量 Φ。

光通量是指人眼视觉所能感觉到的光谱辐射功率，光通量的值相当于单位时间在某一个波段的电磁波能量与此波段的光谱光视效率的乘积，通常用 Φ 来表示，其单位为流明（lm），表达式为

$$\Phi = K_m \int \Phi_{e,\lambda} V(\lambda)\,\mathrm{d}\lambda \tag{4.1}$$

式中：K_m 为光通量系数，它表示人眼在明视的情况下，在波长为 $\lambda = 555$ nm 时，光辐射所产生的最大光谱光视效能，根据国际温标 IPTS－68 理论计算 $K_m = 683$ lm/W；$\Phi_{e,\lambda}$ 为电磁辐射的辐射通量光谱分布；$V(\lambda)$ 为光谱光视效率。

2）发光强度 I

发光强度是指发光体在某一指定的方向上发出的光通量 Φ 的强弱大小，通常用 I 表示，单位是坎德拉 cd，也称为光强。

发光强度阐释的是我们人眼所接收自然界的光通量与发光体对人眼瞳孔所张开的立体角度之比，其表达式为

$$I = \mathrm{d}\Phi/\mathrm{d}\Omega \tag{4.2}$$

坎德拉定义为：光源辐射的电磁波频率值为 540×10^{12} MHz 的单一颜色辐射（波长为 555 nm），而且此方向上的辐射强度为（1/638）W/sr（瓦特/球面度），即 1 cd 等于均匀点发光体在标准单位上的立体角内发出 1 lm 的光通量大小。

3）光亮度 L

如果光源上某点处的面元（dS）在给定方向上的光强度为 I，那么光亮度 L 定义为：光强度 dI 与 dS 在垂直于发光强度方向平面上的投影面积之比，即

$$L = \frac{\mathrm{d}I}{\mathrm{d}S\cos\theta} = \frac{\mathrm{d}^2\Phi}{\mathrm{d}\Omega\mathrm{d}S\cos\theta} \tag{4.3}$$

式中：θ 为所给方向与面元法线之间的夹角。光亮度的单位是尼特（cd/m^2）。

4）光照度 E

光照度是投射到单位面积上的光通量，或者说接受光的面元上单位面积被辐射的光通量。光照度表达式为

$$E = \mathrm{d}\Phi/\mathrm{d}S \tag{4.4}$$

式中：光照度 E 的单位为勒克斯（lx），1 lx = 1 lm·m^{-2}，即当 1 lm 光通量均匀地照射在 1 m^2 的面积上时，这个面上的光照度就等于 1 lx。本次实验就是要测量光照度。

2. 光照强度测量传感器

光照采集是整个设计中非常重要的一环，数据的精确度由它来确定。常见光照强度传感器模块有多种，下面以 GY - 30 为例加以介绍。光照强度传感器模块 GY - 30 如图 4 - 9 所示。

图 4 - 9　光照强度传感器模块实物图

GY - 30 的引脚描述如表 4 - 4 所示。

表 4 - 4　GY - 30 引脚名称及定义

序号	引脚名称	描述
1	V_{CC}	供电电源 3 ~ 5 V
2	SCL	I^2C 总线时钟引脚
3	SDA	I^2C 总线数据引脚
4	ADDR	I^2C 设备地址引脚
5	GND	电源地

光照强度传感器模块 GY - 30 核心传感器为光照强度传感器 BH1750FVI，是日本罗姆（RHOM）株式会社近些年推出的一种两线式串行总线接口的集成电路，可以根据收集的光线强度数据来进行环境监测。该传感器是一种基于 I^2C 标准总线接口的数字型传感器，传感器内置精度 16 位的 A/D 转换器，使得传感器能够测量 1 ~ 65 535 lx 之内的任意光照度值。光照强度传感器 BH1750FVI 的主要特点如下：

（1）数字化输出；

（2）探测范围广，适合任何光强度条件；

（3）功耗低；

（4）去噪能力较强，读值精确；

（5）支持 I^2C 总线，接口适用性广泛；

（6）功能全面，不需额外外部器件。

光照强度传感器 BH1750FVI 结构框图如图 4 - 10 所示。

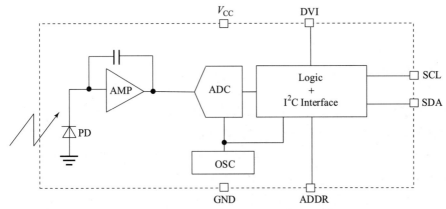

图 4 - 10　光照强度传感器 BH1750FVI 结构框图

　　光照强度传感器 BH1750FVI 的工作流程为：外部光照被接近人眼反应的高精度光敏二极管（PD）探测到后，产生电流，利用集成运算放大器（AMP）将电流转换为电压信号，电压信号由 A/D 转换器转换后得到 16 位数字数据，然后通过逻辑（Logic）和 I^2C 接口（I^2C Interface）进行数据处理与传输。内部振荡器（OSC）为内部的器件提供逻辑时钟，通过相应的指令操作即可读取内部存储的光照度数据。数据传输使用标准的 I^2C 总线，按照时序要求操作起来比较方便。BH1550FVI 的引脚分布如图 4 - 11 所示。

图 4 - 11　BH1550FVI 引脚图

图 4 - 11 中，引脚说明如下：

（1）V_{CC}：电源引脚，其工作电压范围是 2.4 ~ 3.6 V；

（2）ADDR：器件访问地址引脚；

（3）GND：接地端；

（4）SCL：I^2C 总线的时钟信号线；

（5）DVI：异步重置端口；

（6）SDA：I^2C 总线的时钟数据线。

4.3　红外防盗报警系统设计与实现

4.3.1　引言

随着网络通信技术、电子技术和计算机技术的发展，电子产品常见于社会的各个领域。这些技术的发展有效带动着社会生产力的发展和信息化的提高，同时使得电子产品也越来越智能化。与此同时，人们对生活品质、居家环境智能化及安全性要求也越来越高。防盗报警系统广泛应用于居家、银行、交通、电力等场合，以维护家庭和社会公共安全。为了达到防入侵、防破坏等目的，可以采用以电子技术、传感器技术和计算机技术为基础的安全防范系统来满足安全要求。

红外防盗报警系统利用人体辐射出的红外线，由热释电红外传感器接收后进行信号处理，从而实现报警功能。由于系统利用的是不可见的红外光，因此报警系统具有一定保密性和可靠性。热释电红外传感器作为一种高热电系数的探测元件，可过滤接收人体辐射特定波长范围的红外线，将红外辐射转变成微弱的电压信号放大后向外输出。热释电红外传感器功耗小、性能稳定，具有重要实用价值，并已广泛应用。

4.3.2　设计任务及要求

（1）设计任务：设计一个红外报警系统，当有人靠近时，蜂鸣器发出声音报警，同时LED灯闪烁。

（2）基本要求：以51单片机（或其他智能芯片）为主控器件，可以利用现成的热释电红外传感器（如HC – SR501），设计一个红外报警系统；当有人靠近时，蜂鸣器报警，同时LED灯闪烁；报警器可以用按键关闭（选做将有人侵入的信息通过合适的途径如WiFi或短信传到手机上）。设计并搭建硬件系统，编写测量程序，完成调试，完成设计报告。

注：在满足设计任务要求的情况下，若有其他更好实现方法也可。

4.3.3　设计思路及分析

以51单片机做主控器件为例，红外防盗报警系统可以采用现成的热释电红外传感器模块（如HC – SR501）。当有人闯入时，蜂鸣器发声进行报警，同时LED灯闪烁。之后，为停止报警，采用按键的方式。按键按下，则停止报警，LED灯熄灭。有人侵入的信息可以通过合适的途径，如WiFi或短信传到手机上。下面给出一种系统设计框图，如图4 – 12所示。

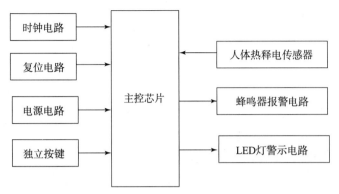

图 4 - 12　红外防盗报警系统框图

4.3.4　相关知识概述

1. 人体热辐射及热释电红外传感器简介

红外线（红外辐射）本质上是一种电磁波，电磁波按波长划分为不同的区段，整个电磁波谱波长范围大概在 $10^{-10} \sim 10^{10}$ μm，红外线的波长范围为 $0.76 \sim 1\,000$ μm，人体的辐射波长范围为 $8 \sim 14$ μm。

在自然界中，温度为 T 的物体，只要符合 $T > 0$ K（$T > -273$ ℃），就一定会自发地进行红外辐射。辐射的红外线波长跟物体温度有关，表面温度越高，辐射能量越强。

人体是一种红外热源，根据普朗克定律可知，任意物体的红外辐射特性都可以通过黑体辐射曲线进行分析。比辐射率是描述物体辐射性能的物理参数，黑体的比辐射率最大。我们把黑体的比辐射率设定为 1，把其他物体在某一温度 T 时的辐射辐出度与黑体在同一温度下的辐射辐出度之比，称为比辐射率。人体是一个具有温度为 310 K（约 36.84 ℃）的辐射体，比辐射率为 0.98，说明人体具有较高的辐射能力。人体的红外辐射波长峰值位于中红外波段，约 9.4 μm，如图 4 - 13 所示。热释电红外传感器的工作波长范围可以是 $5 \sim 14$ μm，假设选择此工作范围的传感器，则正好能够覆盖 9.4 μm 的波长，因此热释电红外传感器可以用作人体红外辐射信号的检测。

热释电红外传感器（Pyroelectric Infrared Sensor），是利用热释电材料自发极化强度随温度变化所产生的热释电效应来探测红外辐射能量的器件。热释电探测器对人体的红外辐射特别敏感，能以非接触形式检测出来自人体的微弱红外线能量。当人体与探测器的相对位置发生改变时，导致传感器内部产生辐射差，辐射差通过内部电路可以转换为电信号，因而热释电红外传感器是一种将红外辐射转换为可测电信号的光电转换器件。

将热释电红外传感器产生的电压信号加以放大，便可驱动各种控制电路，如做电源开关控制、防盗报警、自动监测等。

热释电红外传感器由干涉滤光片、传感探测元和场效应管匹配器三部分组成，如图 4 - 14 所示。

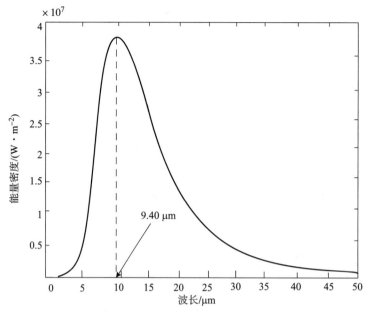

图 4 - 13　人体普朗克辐射曲线

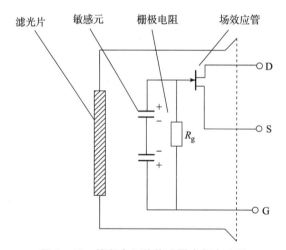

图 4 - 14　热释电红外传感器内部电路图

（1）干涉滤光片。主要作用是选择性透过一定波长的红外辐射，它一般采用在玻璃片上镀膜的方法实现滤光作用。

（2）传感探测元。主要是由高热电系数的钽酸锂等材料构成。设计时将高热电系数材料制成一定厚度的薄片，并在它的两面镀上金属电极，然后加电对其进行极化，这样便制成了热释电探测元。一旦探测元受到红外辐射时，电极表面温度变化将导致其两端的电荷密度发生改变，使其能够在电路中产生热释电电流。

（3）场效应管匹配器。在热释电传感器内部，有一个场效应管和栅极电阻 R_g，栅极

电阻 R_g 与探测元并联后，能将探测元表面电荷的变化以电信号的形式加至场效应管的栅极。通过场效应管的匹配和放大，在其源极输出能反映出外来红外线能量变化幅度的电脉冲。

根据探测元的个数可以将热释电红外传感器划分为单元、双元、四元等多种形式，而使用率最高的为双元型热释电红外传感器。热释电红外传感器按照用途来分，有以下几种：用于温度检测，探测波长 $\lambda = 1 \sim 20 \ \mu m$；用于火焰检测，探测波长 $(4.35 \pm 0.15) \ \mu m$；用于日常生活中的自动门、防盗报警的检测，探测波长 $\lambda = 7 \sim 14 \ \mu m$。目前，市场上的传感器从封装外形来看有金属封装、塑料封装等形式。

由于人体热辐射能量比较微弱，而热释电红外传感器探测的距离有限，同时距离越远传感器感应灵敏度降低的幅度将会越大。为了改变热释电红外传感器的探测视场以及对红外辐射的感应能力，需要在热释电探头前加装特定类型的菲涅尔透镜（Fresnel lens），实现对热红外辐射源的聚焦，提高热辐射的探测距离（如不使用菲涅尔透镜时传感器的探测半径不足 2 m，配上菲涅尔透镜后传感器的探测半径可达到 10 m）。

菲涅尔透镜是一种光学器件，具有很好的能量聚集作用，可以使用廉价高密度的聚丙烯材料制成，因而较为轻巧。菲涅尔透镜镜面外侧比较平滑，内侧则是由一圈圈由浅到深、由内向外的同心圆构成，如图 4 – 15 所示。

图 4 – 15　菲涅尔透镜

由于热释电红外传感器输出的信号变化缓慢、幅值小，不能直接作为控制系统的控制信号，传感器的输出信号必须经过一个专门的信号处理电路，使得传感器输出信号的不规则波形转变成适合单片机处理的高低电平。因此，实际使用的热释电检测系统构成，如图 4 – 16 所示。

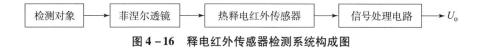

图 4 – 16　释电红外传感器检测系统构成图

热释电红外传感器探测有人闯入的工作原理如图 4 – 17 所示。

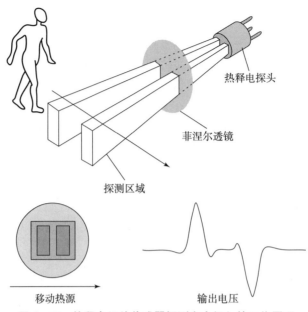

图 4 - 17　热释电红外传感器探测有人闯入的工作原理

2. 红外热释电传感器模块 HC - SR501

本设计为人体目标的检测，因此选择热释电红外传感器时，滤光片应该能阻挡人体红外辐射波段以外的红外线通过，而只允许人体的红外辐射进入传感器内部作用于探测元，即只能透过人体的辐射波长范围 8 ~ 14 μm 的红外辐射。下面介绍 HC - SR501 热释电红外传感器模块，其实物图如图 4 - 18 所示。

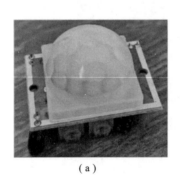

（a）　　　　　　　　　　　　（b）

图 4 - 18　HC - SR501 热释电红外传感器模块

（a）HC - SR501 外观；（b）HC - SR501 热释电红外传感器

HC - SR501 热释电红外传感器模块采用的是 LHI778 热释电红外传感器，该红外传感器的工作波长范围为 7 ~ 14 μm，透过率大于 75%，满足系统设计要求，如图 4 - 18（b）所示。传感器可靠性很强，灵敏度也比较高，在各种感应领域被广泛使用。HC - SR501 热释电红外传感器模块电气参数如表 4 - 5 所示。

表 4 – 5　HC – SR501 热释电红外传感器模块电气参数

产品型号	HC – SR501
工作电压范围	4.5 ~ 20 V 的直流电压
工作温度	– 15 ~ 70℃
静态电流	< 50 μA
电平输出	高 3.3 V，低 0
感应角度	< 100°锥角
触发方式	L 可重复触发，H 不可重复触，默认为 H
封锁时间	范围为零点几秒至几十秒，一般默认为 2.5s
延时时间	5 ~ 200 s 可调
电路板外形尺寸	32 mm × 24 mm

HC – SR501 热释电红外传感器模块的主要特点如下。

（1）模块可以全自动感应，其感应的具体效果是：根据感应范围，在有人进入时，该模块以高电平输出；而离开时则会自动延时并关闭高电平，以低电平输出。

（2）模块的感应包含两种可选择的触发方式。

①可重复触发方式：在器件响应并输出高电平后，会有一段延时时间，若仍有人再次出现，则会持续输出高电平，直到人离开探测范围后才延时并变为低电平（需要注意的是，感应模块检测到人体的每一次活动后会自动顺延一个延时时间段，并以最后一次活动的时间作为延时时间的起始点）。

②不可重复触发方式：感应输出高电平后，延时时间一结束，输出将自动从高电平变成低电平。

（3）具有感应输出封锁功能，默认设置封锁时间为 2.5 s。传感器模块在每一次感应后（高电平变为低电平后），可以紧接着设置一个封锁时间，在此期间不再接收任何信号。此功能可以实现感应输出时间和封锁时间的间隔工作，可用于间隔探测不同被测物，同时此功能可有效抑制负载切换过程中产生的各种干扰。

HC – SR501 热释电红外传感器模块的电路板实物图如图 4 – 19 所示。

使用时需注意以下事项。

（1）模块通电后有 1 min 左右的初始化时间，在此期间模块会间隔地输出 0 ~ 3 次，1 min 后进入待机状态。

（2）应尽量避免灯光等干扰光源近距离直射模块表面的透镜，以免引进干扰信号。

（3）LHI778 热释电红外传感器采用双元探头，探头的窗口为长方形，双元位于较长方向的两端，当人从左到右或从右到左经过时，红外光到达双元的时间、距离有差值，差值越大感应越灵敏。当人从正面走向探头时（走进或远离），检测不到红外光距离的变化，无差值，因此感应不灵敏或不工作。所以安装传感器时应使探头双元的方向与人体活动多的方向尽量平行，保证人经过时先后被探头双元感应。虽然装有菲涅尔透镜，使探头四周都能感应，但左右方向仍比正对方向感应范围大，灵敏度高，安装时仍需考虑上述情况。

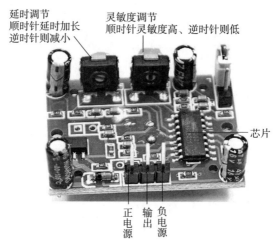

图 4 – 19　HC – SR501 模块电路板实物图

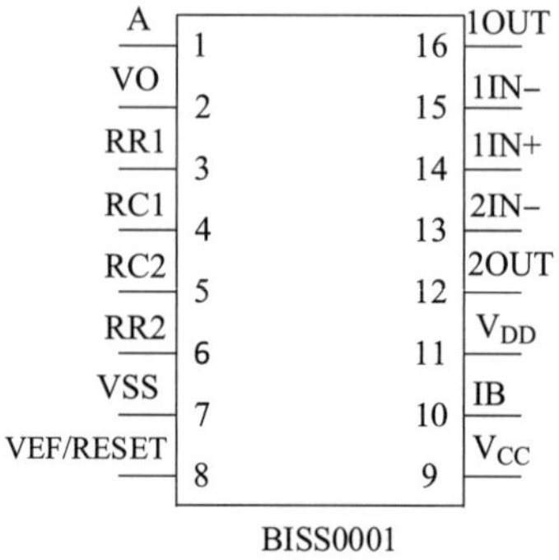

图 4 – 19 中的芯片为 BISS0001。BISS0001 是一种高性能的数/模混合专用集成电路芯片，由运算放大器、电压比较器、状态控制器、延迟时间定时器以及封锁时间定时器等构成。具有独立高输入阻抗运算放大器，可与多种传感器匹配，进行信号处理，双向鉴幅器可有效抑制干扰，内部含有延迟时间定时器和封锁时间定时器。引脚排列如图 4 – 20 所示。

BISS0001 芯片工作过程：热释电红外探头探测到人体发出的红外线后，经过转化将信号输入到 BISS0001 第一级运算放大器的同相输入端，即引脚 14，经过 BISS0001 的内部运算放大器两级放大，由双向鉴幅器检出有效触发信号，从 VO 引脚（引脚 2）输出高电平信号，送信号处理电路进行处理。

A	1		16	1OUT
VO	2		15	1IN–
RR1	3		14	1IN+
RC1	4		13	2IN–
RC2	5		12	2OUT
RR2	6		11	V_{DD}
VSS	7		10	IB
VEF/RESET	8		9	V_{CC}

BISS0001

图 4 – 20　BISS0001 引脚排列图

3. 蜂鸣器电路的设计

设计系统中，蜂鸣器可以采用电磁式有源蜂鸣器，假设蜂鸣器的工作电流比较大，以至于单片机的 I/O 口无法直接驱动，则可以利用三极管开关电路来驱动。例如，可以选用 8550 三极管，它是一个 PNP 型的三极管，基极串联一个 1 kΩ 的电阻连接到单片机的 I/O 口。当 I/O 口输出低电平时，三极管 VT$_1$ 导通，蜂鸣器发声；当 I/O 口输出高电平时，三极管 VT$_1$ 截止，蜂鸣器停止发声。蜂鸣器驱动电路如图 4 – 21 所示。

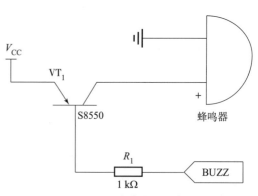

图 4 – 21　蜂鸣器驱动电路

4.4　基于 DDS 的波形发生器设计与实现

4.4.1　引言

信号发生器是现代测试测量领域中最基本和应用最广泛的仪器之一，在电子通信、自动控制和科学实验等领域中得到广泛引用。最早的信号源一般是基于模拟电子技术设计，首先产生一个指定频率的正弦信号；然后通过积分器、微分器、比较器等电路进行波形变换，得到其他波形信号（三角波、方波、锯齿波等），如第 2 章中内容所述。若要产生频率可调的信号，可以采用锁相频率合成的方式实现，电路较复杂。随着数字信号处理技术的发展和集成电路制造工艺的不断进步，直接数字合成技术（Direct Digital Synthesis，DDS）得到广泛应用。DDS 技术是一种全数字化的频率合成方法，它直接用数字形式累加相位，通过相位和来查找已经存储好的波形表，得到输出幅度的离散数字序列，再经过高速 D/A 转换得到所需的模拟量波形输出。DDS 技术不仅可以产生各种频率不同的正弦波，而且可以控制输出波形的初始相位，通过更新存储器的波形数据，还可以产生任意波形（正弦波、三角波、锯齿波、矩形波），具有变频速度快、频率分辨率高、变频相位连续、易于功能扩展和便于集成等优点。

4.4.2　设计任务及要求

（1）设计任务：设计一个数字信号发生器，能产生 10 MHz 正弦波和 500 kHz 方波，方波的占空比可调。

（2）基本要求：以 51 单片机（或其他智能芯片）为主控器件，可以利用现成的 DDS 芯片来产生特定波形，实现 10 MHz 正弦波和 500 kHz 方波的输出；正弦波和方波的输出用按键来切换；用 LCD1602 显示屏显示必要信息（如输出正弦波时显示正弦波，输出方波时显示方波）；设计并搭建硬件系统，编写测量程序，完成调试，完成设计报告。

注：在满足设计任务要求的情况下，若有其他更好实现方法也可。LCD1602 显示方法见附录 2，另外给出一种 DDS 芯片 AD9850 的并行工作字写入方法，见附录 3。

4.4.3　设计思路及分析

以 DDS 芯片 AD9850 为例，AD9850 与单片机的接口方式有并行和串行两种。采用并行接口时，AD9850 的数据输入端 D0 ~ D7 与单片机的数据总线相连，W_CLK 和 FQ_UD 信号可由单片机控制单元的普通 I/O 口来模拟；采用串行接口时，将 AD9850 的 D7 作为串行数据输入端，W_CLK 和 FQ_UD 信号可由单片机控制单元的普通 I/O 口来模拟。DDS 波形发生器总体结构如图 4 – 22 所示。

图 4 –22 中主要包含单片机、DDS 频率合成芯片、LCD1602、独立按键等几个部分。

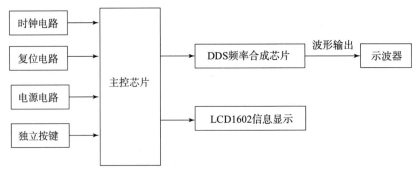

图 4-22　DDS 波形发生器总体结构图

系统采用单片机对高性能的、可编程的 DDS 芯片等整个电路进行控制。独立按键用来选择输出波形，LCD1602 用来显示输出波形信息，DDS 芯片输出端产生的信号可以送入示波器进行波形验证。

4.4.4　相关知识概述

DDS 技术思想如图 4-23 所示。

DDS 是一种从相位出发的新的频率合成技术和信号产生方法。以正弦信号为例，将信号的幅度、频率和相位进行数字化以后，可以通过程序控制实现常见的调幅、调频、调相等单一调制信号，也可以通过编写一些函数来实现如线性调频、非线性调频等复杂信号。从广义上来看，数字化以后 DDS 的输出波形可以不局限于正/余弦波，还可以产生一些如矩形波、三角波、锯齿波之类的波形。DDS 的应用领域非常广泛，包括无线通信、卫星导航、数字化雷达、遥测遥感、测试仪器、医疗电子等。

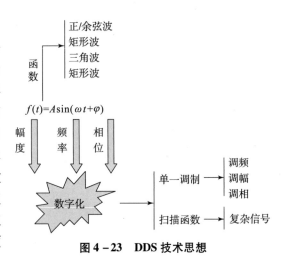

图 4-23　DDS 技术思想

1. DDS 基本原理

DDS 是利用正弦信号相位与幅值一一对应的特性，以数字电路的方式构建相位与幅度的关系表，通过离散相位值得到离散幅值数据，最后经过 D/A 转换重构模拟正弦信号的频率合成器。

DDS 的结构如图 4-24 所示。一般 DDS 的结构由相位累加器、波形存储器（ROM）、D/A 转换器以及滤波器组成。

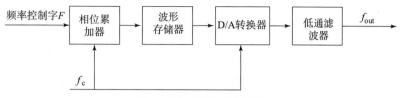

图 4 - 24　DDS 基本结构

1）相位累加器

相位累加器的结构如图 4 - 25 所示。

（1）频率控制字 F：它是相位累加器的一个输入信号，在系统时钟源 f_c 的控制下，在相位累加器中逐级叠加，输出依次作为波形存储器中查找表的地址寻址码。相位累加器的相位

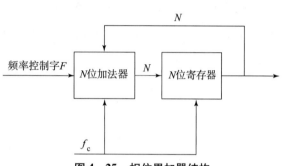

图 4 - 25　相位累加器结构

递增步长 $\Delta\theta$ 受限于频率控制字 F，因此借助 F 可以改变合成信号的频率 f_0。

（2）相位累加器：它是由位宽为 N 的相位寄存器和加法器组成，是 DDS 的主要构成要素。系统时钟源 f_c 每产生一个上升沿信号，来自相位寄存器输出的相位累加数据和频率控制字 F 在加法器中进行叠加运算，结果经相位寄存器后分两路输出。一条支路输出信号去寻址波形存储器，从而查找表；另一条支路输出信号反向连接到加法器的输入端再次参与下一次叠加运算。通过对字 F 的逐级累加，依次生成范围为"0"到最大值的相应的 D 位寻址地址码，用于在波形存储器中查表。借助系统时钟源 f_c 的同步控制，两信号在相位累加器中进行相位累加运算，直到累加到最大值，累加器产生数据溢出，实现一次周期性运算。相位累加器的溢出频率，就是 DDS 输出的信号频率。用相位累加器输出的数据，作为波形存储器的相位采样地址，这样就可以把存储在波形存储器里的波形采样值经查表找出，完成相位到幅度的转换。

以正弦函数为例，对相位累加器进行说明。

一个单频正弦信号可以表示为

$$u(t) = U\sin(2\pi f_0 t + \theta_0) \tag{4.5}$$

由式（4.5）可以看出，该信号的频率不会因 U 和 θ_0 的改变而变化，仅与 f_0 相关，因此为分析频率，令 $U = 1$、$\theta_0 = 0°$ 来简化分析，得到

$$u(t) = \sin(2\pi f_0 t) \tag{4.6}$$

以 T_c 为周期，对式（4.6）的模拟信号进行采样，得到的离散波形表达为

$$u(n) = \sin(2\pi f_0 n T_c) \quad (n = 1,2,\cdots) \tag{4.7}$$

相应的离散相位序列为

$$\theta(n) = 2\pi f_0 n T_c = \Delta\theta \cdot n \tag{4.8}$$

式中：$\Delta\theta$ 为相邻离散相位序列之间的增量，可表示为

$$\Delta\theta = 2\pi f_0 T_c = 2\pi f_0 / f_c \tag{4.9}$$

由式（4.9）可得输出频率为

$$f_0 = \frac{\Delta\theta \cdot f_c}{2\pi} \tag{4.10}$$

式（4.10）表明当 DDS 时钟源 f_c 唯一时，取不同的相位增量 $\Delta\theta$ 时，就会得到不同的频率输出 f_0。

假设 DDS 中相位累加器位宽为 N，则对应的二进制相位码有 2^N 个，一个周期（2π）内 $\frac{2\pi}{2^N}$ 即为相位分辨率，也就是最小相位间隔。频率控制字 F 对相位增量 $\Delta\theta$ 有约束作用，即

$$\Delta\theta = \frac{2\pi F}{2^N} \tag{4.11}$$

式（4.11）中，当 $F = 1$ 时，有

$$\Delta\theta_{\min} = \frac{2\pi}{2^N} \tag{4.12}$$

即为相位分辨率，也就是最小相位间隔。

将（4.11）代入式（4.10），可得合成信号的频率表达式：

$$f_0 = \frac{F \cdot f_c}{2^N} \tag{4.13}$$

在系统时钟源 f_c 已知，相位累加器位宽 N 固定时，输出频率 f_0 只与频率控制字 F 有关。若增大频率控制字，则相位累加器的运算周期缩短，进而合成信号的频率就变大；反之，则相位累加器运算周期变长，合成信号的频率变小。

根据采样定理，系统允许输出的频率需要满足

$$f_0 \leqslant \frac{1}{2} f_c \tag{4.14}$$

由式（4.13）和式（4.14）可得频率控制字 F 需要满足

$$F \leqslant 2^{N-1} \tag{4.15}$$

但限于低通滤波器的性能的约束，通常合成的信号频率值最大为

$$f_0 \approx 40\% f_c \tag{4.16}$$

2）波形存储器

波形存储器的功能是实现离散相位序列到离散幅度波形的映射。波形存储器中查找表的 D 位地址寻址码是取自相位累加器的高 D 位（$D <= N$）输出信号，因此系统寻址码的数量就为 2^D。由寻址码和存储数据一一对应原则，可知波形存储器中存储了 2^D 个波形幅度离散值。若加载在波形存储器中的离散波形数据的位宽为 M，那么对应存储数量为 2^D 个的数据容量为 $2^D \times M$ bit。在时钟信号 f_c 的控制下，按照不同的寻址地址，通过查表，就可以实现波形信号的相位－幅值转换，在波形存储器的输出端输出相应的波形信号的幅值。

系统合成频率信号的幅度分辨率受限于波形存储器中的离散波形数据位宽 M，其频率

分辨率则受限于地址寻址码的位宽 D。若增加波形存储器的存储容量，则相应地就扩大了寻址位宽 D 和输出幅值位宽 M，那么就提高了系统合成频率信号的分辨率。但是，随着波形存储器容量的扩大，带来的问题是功耗加大，成本提高，系统的可靠性下降以及运行速度减慢。

3）D/A 转换器

从波形存储器中得到的正弦波幅度信号为 M 位数字量形式，通过 D/A 转换器，转换为模拟量形式的正弦阶梯信号。DAC 的位数越高，分辨率也就越高，合成模拟信号的精度就越高。

由于输入是离散的，DAC 输出的时域波形不是标准的正弦波，而是阶梯波，DAC 并不会自动将离散数据之间的波形幅值补齐，从而产生杂散分量。因此 DAC 的分辨率越高，合成的模拟阶梯波的阶梯就越密集，输出波形相对于正弦波的拟合程度也就越高，杂散也会越低。

4）低通滤波器

DAC 输出的正弦阶梯波送到低通滤波器，低通滤波器的作用是将不需要的高频分量滤除，对近似正弦波的阶梯波进行平滑，以抑制杂波，得到比较纯净的模拟正弦波信号。

以输出正弦波为例，DDS 波形产生过程如图 4 - 26 所示。

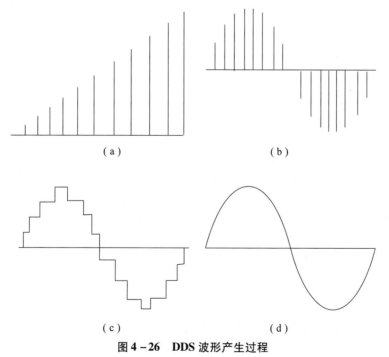

图 4 - 26　DDS 波形产生过程

（a）相位输出；（b）正弦表输出；（c）DAC 输出；（d）LPF 输出

因此，DDS 技术可以通过改变频率控制字 K 和基准时钟 f_c 实现对信号频率的改变，同时可提高频率分辨率；可以通过改变相位累加器中的数据，使查表的地址信号改变，实现生成信号的相位可调；可以通过改变 DAC 的参考电压，实现生成信号的幅值可调。

2. 常用 DDS 芯片

实现 DDS 功能，在工程应用上也可采用 DDS 芯片完成。常用的有美国 Analog Device（AD）公司生产的 DDS 系列产品，如表 4-6 所示。

表 4-6　AD 公司生产的 DDS 系列产品及参数

芯片名称	频率范围	最高主频	频率步进	波形	DAC位数	输出幅度	备注
AD9833	1 Hz ~ 9 MHz	25 MHz	1 Hz	正弦波、方波、三角波	10	260 mVpp	输出幅度不可程控，输出含有直流
AD9834	1 Hz ~ 30 MHz	75 MHz	1 Hz	正弦波、方波、三角波	10	530 mVpp	输出幅度不可程控，输出含有直流，三角波和方波无法同时输出
AD9850	1 Hz ~ 50 MHz	125 MHz	1 Hz	正弦波、方波	10	340 mVpp	输出幅度不可程控，输出含有直流
AD9851	1 Hz ~ 65 MHz	180 MHz	1 Hz	正弦波、方波	10	340 mVpp	输出幅度不可程控，输出含有直流
AD9854	1 Hz ~ 120 MHz	300 MHz	1 Hz	正弦波、方波	12	540 mVpp	4 通道输出，不可独立控制，相位差固定；输出幅度可程控，输出含有直流
AD9954	1 Hz ~ 150 MHz	400 MHz	1 Hz	正弦波、方波	14	200 mVpp	输出幅度可程控，输出含有直流
AD9959	1 Hz ~ 200 MHz	500 MHz	1 Hz	正弦波	10	530 mVpp	4 通道输出，可独立控制，相位差可调；输出幅度可程控，输出含有直流
AD9910	1 Hz ~ 420 MHz	1 000 MHz	1 Hz	正弦波	14	760 mVpp	输出幅度可程控，可实现任意波形，但需要自行开发程序，输出含有直流

AD985X 系列是早期推出到市场的高性能高功耗型芯片，该系列得到了用户广泛的认可。此系列芯片输出无杂散的动态范围很大，工作频率较高，而且除少数几个产品以外，都具备正弦波和方波两路输出。

下面以 AD9850 芯片为例，进行详细说明。

3. AD9850 芯片

AD9850 芯片的工作原理如图 4-27 所示。

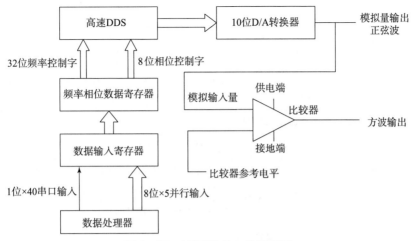

图 4 - 27　AD9850 的工作原理图

由图 4 - 27 可见，AD9850 与微处理器连接，由微处理器通过串行或并行的方式向 AD9850 装入控制字。AD9850 有 40 位的控制字，32 位用于频率控制，5 位用于相位控制，1 位用于电源休眠（Power Down），2 位用于选择工作方式。这 40 位控制字进入 AD9850 的 40 位数据输入寄存器，控制字的低 32 位进入频率相位数据寄存器进行频率控制，高 5 位进入频率相位数据寄存器进行相位控制。AD9850 工作时钟频率最高可到 125 MHz，在此时钟频率下，理论上可产生 0.029 1 Hz ~ 62.5 MHz 的正弦波信号和方波信号。AD9850 的 5 位相位控制字，允许相位按增量 180°、90°、45°、22.5°、11.25° 或这些值的组合进行调整。在高速 DDS 中进行数据的整合，AD9850 采用 32 位相位累加器，截断成 14 位，输入正弦查询表；查询表输出截断成 10 位，输入到 DAC。DAC 输出两个互补的模拟电流，接到滤波器上。调节 DAC 满量程输出电流，需外接一个电阻 R_{set}，其调节关系是 $I_{set} = 32 \times (1.248\ V/R_{set})$，满量程电流为 10 ~ 20 mA。AD9850 内部有高速比较器，接到 DAC 输出端，就可以直接输出一个抖动很小的方波信号，此方波信号可作为系统时钟源或数据处理器的中断信号。AD9850 的引脚图如图 4 - 28 所示，AD9850 引脚定义及功能如表 4 - 7 所示。

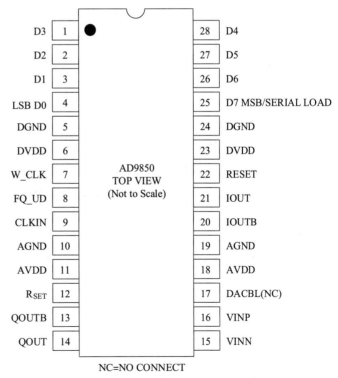

NC=NO CONNECT

图 4 - 28　AD9850 引脚图

表 4 – 7 AD9850 引脚定义及功能

引脚编号	引脚名称	引脚功能
1～4, 28～25	D0～D7	8 位并行数据输入端，可反复地装入 32 位频率控制字和 8 位的相位控制字，D0 是最低位，D7 是最高位。D7 可作为 40 位串行输入的引脚
5，24	DGND	数字地端
6，23	DVDD	数字电源端（为内部数字电路提供电源）
7	W_CLK	控制字装入时钟端（用于加载并行/串行的频率/相位控制字）
8	FQ_UD	频率更新控制端，该引脚的上升沿会触发更新 DDS 中数据输入寄存器的频率或者相位字，然后重置指针
9	CLKIN	基准时钟（外部晶振）输入端，连续的脉冲序列或者正弦输入，该输入信号的上升沿会触发启动 DDS 芯片开始运算
10，19	AGND	模拟地端
11，18	AVDD	模拟电源端（为内部模拟电路提供电源）
12	R_{SET}	首先 DAC 外接电阻端，通常该引脚可以和 3.9kΩ 的电阻连接；然后接地。外接电阻决定了器件输出端的电流大小
13	QOUTB	内部比较器的补码输出端
14	QOUT	内部比较器的真正输出端
15	VINN	内部比较器的反相输入端口
16	VINP	内部比较器的同相输入端口
17	DACBL	内部 DAC 外接参考电压，可悬空
20	IOUTB	DAC 的互补模拟输出端
21	IOUT	DAC 的模拟电流输出端
22	RESET	整个芯片的复位端，此引脚置为高电平时，它清除（除输入寄存器）所有寄存器中的数据

微处理器可以通过并行或串行的方式将频率和相位控制字送入 AD9850 以生成正弦或方波信号。并行写入的方式优点是传输数据的速度比较快；缺点是需要比较多的微处理器的 I/O 口。

若频率控制字为 ΔPHASE，频率控制字位数为 N，则 DDS 系统输出信号的频率为

$$f_{out} = \Delta PHASE \times CLKIN/2^N \tag{4.17}$$

则频率控制字 ΔPHASE 为

$$\Delta PHASE = (f_{out} \times 2^N)/CLKIN \tag{4.18}$$

例如，对 AD9850 芯片，CLKIN = 125 MHz，输出信号的频率为 1MHz，则向 AD9850 写入的频率控制字（4B）为

$$\Delta PHASE = (1 \times 10^6 \times 2^{32})/(125 \times 10^6) \approx 34\ 359\ 738 = 20C49BAH$$

如前所述，AD9850 有 40 位控制字，32 位用于频率控制，5 位用于相位控制，1 位用于电源休眠控制，2 位用于选择工作方式。这 40 位控制字可通过并行方式或串行方式输入到 AD9850。

1）并行方式

并行方式，通过 D0 ~ D7 这 8 根数据线将数据依次写入到输入寄存器 W0 ~ W4 中，需要重复 5 次才能把 40 位数据全部写入。并行方式的时序图如图 4 - 29 所示。

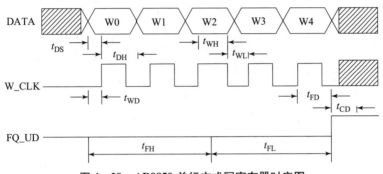

图 4 - 29　AD9850 并行方式写寄存器时序图

并行输入方式下，在 W_CLK 的上升沿装入 8 位数据，并把指针指向下一个输入寄存器，连续 5 个 W_CLK 信号后，W_CLK 的上升沿就不再起作用，直到复位信号或 FQ_UD 上升沿出现，并把地址指针重新指向第一个寄存器。在 FQ_UD 的上升沿将这 40 位数据从输入寄存器写入到芯片中（更新 DDS 输出频率和相位），同时会将地址指针重新指向第一个输入寄存器。

2）串行方式

串行方式，所有数据必须从引脚 D7 写入。每当出现一个 W_CLK 上升沿时就读入一位串行数据，读满全部 40 位数据之后，需要一个 FQ_UD 信号的上升沿才能更新输出频率和相位。AD9850 串行方式写时序图如图 4 - 30 所示。

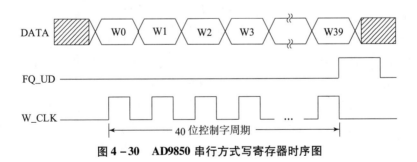

图 4 - 30　AD9850 串行方式写寄存器时序图

AD9850 中有 5 位用于相位控制，相位控制的精度为 360°/32 = 11.25°，用二进制表示为 00001，根据实际需要，设置不同的相位控制字就可以实现精确的相位控制。表 4 - 8 列出了相移与相位控制字之间的对应关系，允许相位按增量 11.25°、22.5°、45°、90°、180° 移动或者这些值进行组合。

表 4 - 8　相移与相位控制字之间的关系

相移/(°)	相位控制字	相移/(°)	相位控制字
0	00000	180.0	10000
22.5	00010	202.5	10010
45	00100	225.0	10100
67.5	00110	247.5	10110
90.0	01000	270.0	11000
112.5	01010	292.5	11010
135.0	01100	315.0	11100
157.5	01110	337.5	11110

在应用中，通常将1位电源休眠控制、2位工作方式控制设置为"000"。AD9850 默认复位为并行方式，所以要采用串行配置必须先进行切换。即在并行方式下写入一个字节的控制字 W0 后，利用 FQ_UD 脉冲更新使其生效即可。AD9850 并串配置切换硬件连接方法是：使 D2 = 0，D1 = D0 = 1，这样在 AD9850 每次上电或系统复位时的配置方式皆为串行方式。需要注意的是，串行连接时，先送频率最低字节，再送频率最高字节，最后送相位控制字（每个字节中先低位后高位）；并行连接时，先送相位控制字，再送频率最高字节，最后送频率最低字节。

为了充分发挥芯片的高速性能，提升频率跟踪的速度，通常会选用读写速度更快的并行方式写入频率控制字。选择并行方式时，写入控制字的位分配如表 4 - 9 所示。

表 4 - 9　并行方式写入控制字分配

字	D7	D6	D5	D4	D3	D2	D1	D0
W0	相位控制字（bit4 ~ bit0）					电源休眠控制字	工作方式控制字（bit1 ~ bit0）	
W1	频率控制字（bit31 ~ bit24）							
W2	频率控制字（bit23 ~ bit16）							
W3	频率控制字（bit15 ~ bit8）							
W4	频率控制字（bit7 ~ bit0）							

以 AD9850 的并行工作方式为例，设 CLKIN 为 125 MHz，输出信号的频率为 1 MHz，相移为 90°（相位控制字查表 4 - 8 可知为 01000），控制字 W0 的 D0、D1、D2 全部置 0。则 40 位的频率、相位控制字（W0、W1、W2、W3、W4）分别为 40H、02H、0CH、49H、0BAH。假设 51 单片机的 P1 口与 AD9850 的 D0 ~ D7 连接，单片机的 P3.0 与 AD9850 的 FQ_UD 引脚连接，单片机的 P3.1 与 AD9850 的 W_CLK 引脚连接，则向 AD9850 写入控制字的汇编语言程序段如下：

```
CLR    P3.0        ;FQ_UD 引脚低电平
CLR    P3.1        ;W_CLK 引脚低电平
MOV    A, #40H
```

```
MOV      P1, A          ;写入 W0
SETB     P3.1           ;W_CLK 引脚高电平,产生上升沿
CLR      P3.1           ;W_CLK 引脚恢复低电平
MOV      A, #02H
MOV      P1, A          ;写入 W1
SETB     P3.1           ;W_CLK 引脚高电平,产生上升沿
CLR      P3.1           ;W_CLK 引脚恢复低电平
MOV      A, #0CH
MOV      P1, A          ;写入 W2
SETB     P3.1           ;W_CLK 引脚高电平,产生上升沿
CLR      P3.1           ;W_CLK 引脚恢复低电平
MOV      A, #49H
MOV      P1, A          ;写入 W3
SETB     P3.1           ;W_CLK 引脚高电平,产生上升沿
CLR      P3.1           ;W_CLK 引脚恢复低电平
MOV      A, #0BAH
MOV      P1, A          ;写入 W4
SETB     P3.1           ;W_CLK 引脚高电平,产生上升沿
CLR      P3.1           ;W_CLK 引脚恢复低电平
SETB     P3.0           FQ_UD 引脚高电平,40 位控制字写入完成
```

单片机控制 AD9850 产生波形的 C 程序见附录 3。

通常可以采购到 AD9850 模块,如图 4 - 31 所示。模块能够输出正弦波和方波,比较器的基准输入端电压由可变电阻产生,调节该电阻可以得到不同占空比的方波,AD9850 模块采用 125 MHz 的有源晶振。

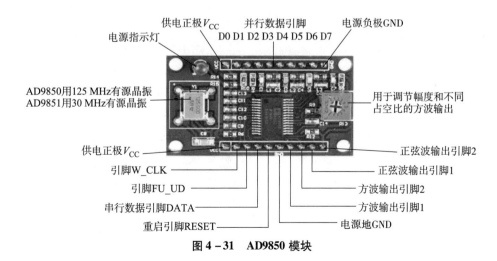

图 4 - 31　AD9850 模块

AD9850 模块的引脚如图 4 – 32 所示。

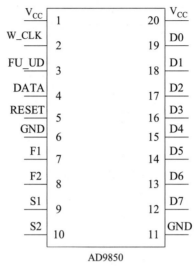

图 4 – 32　AD9850 模块引脚定义

4.5　心率及血氧检测系统设计与实现

4.5.1　引言

血氧饱和度（Blood Oxygen Saturation，BOS）和心率（Heart Rate，HR）是人体重要的生理参数，常作为衡量人体身体健康的主要指标。血氧饱和度表征人体血液的含氧浓度，能间接反映人体的循环系统和呼吸系统，常作为病情诊断的重要参数。健康的成年人血氧值通常为 96% ~ 100%，正常成人的心率一般为 60 ~ 100 次/min。脉搏是一种可以有效反映心脏及心血管系统一些信息的非常重要的生理现象，临床上通过检查脉搏可以有效判断多种会改变脉率的疾病，尤其是心脏病的病变部位及对应的病征。脉搏信号检测一般选择毛细血管多，光容易通过且组织对吸光影响较小的部位，如手指、脚趾、耳垂、手腕和前额。血氧饱和度则是人体循环系统和呼吸系统的一个重要估计指标，是生命体征监测中的重要项目。中枢神经系统、肝脏、肾功能衰退等疾病皆会导致血氧饱和度值过低，即严重缺氧的情况，极大危害身体健康。发生严重缺氧的情况时，由于心内膜内乳酸的积累，三磷酸腺苷（ATP）的合成减少，使得心动过缓，血压降低，进而导致心脏输出减少，心室颤动等心率紊乱，乃至停止，是极其危险的。因此，经常检测血氧饱和度，以便及时发现缺氧、及时补氧，对所有人，尤以罹患血管疾病、呼吸系统疾病者，老年人、长期酗酒人群等由身体因素，极限运动者等由环境因素而处于缺氧环境下的人群具有重要的意义。

4.5.2　设计任务及要求

（1）设计任务：设计并实现一个心率及血氧实时监测系统。

（2）基本要求：以 NodeMCU（ESP8266）或其他智能芯片（51 单片机、STM32、Arduino 等）为主控器件，利用现成的传感器（如 MAX30100、MAX30102 等）实现脉搏波检测，通过对脉搏数据处理获得心率及血氧值；用显示器件（如 OLED12864）显示测量信息；设计并搭建硬件系统，编写测量程序，完成调试，完成设计报告。

注：在满足设计任务要求的情况下，若有其他更好实现方法也可。NodeMCU 的使用方法见附录 6，OLED12864 的使用方法见附录 7。

4.5.3　设计思路及分析

目前，基于光电容积脉搏波（PPG）方法进行心率与血氧测量的技术已经十分成熟，相关的集成化硬件也得到广泛应用。脉搏信号检测一般选择毛细血管多，光容易通过且组织对吸光影响较小的部位，如手指、脚趾、耳垂、手腕和前额。用手指进行脉搏信号测量的示意图如图 4-33 所示。

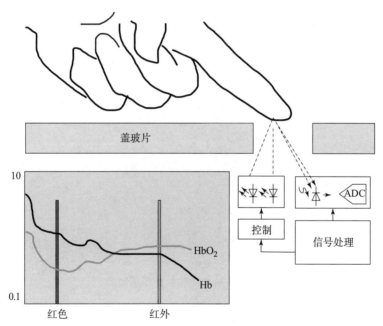

图 4-33　用手指进行脉搏信号测量

心率及血氧测量系统的设计主要包括三个部分，即信号采集、信号处理及结果显示，系统设计框图如图 4-34 所示。

心率及血氧测量系统由主控芯片控制，首先将脉搏传感器采集的信号进行处理，计算心率及血氧值；然后将计算得到的数据及相关信息通过显示器件显示。

图 4 - 34 心率及血氧实时监测系统设计框图

4.5.4 相关知识概述

1. 光电容积描记技术

基于单片机的心率及血氧测量系统的基本原理是光电容积描记技术，该技术的核心原理是当光照透过皮肤组织然后再反射到光敏传感器时光照有一定的衰减。像肌肉、骨骼、静脉和其他连接组织等对光的吸收是基本不变的（前提是测量部位没有大幅度的运动），但是血液不同，由于动脉里有血液的流动，那么对光的吸收自然也有所变化。当我们把光转换成电信号时，正是由于动脉对光的吸收有变化而其他组织对光的吸收基本不变，得到的信号就可以分为直流（DC）信号和交流（AC）信号。提取其中的 AC 信号，就能反映出血液流动的特点，也就是我们所说的脉搏波，如图 4 - 35 所示。

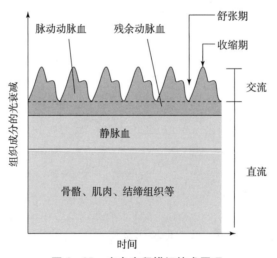

图 4 - 35 光电容积描记技术原理

2. 心率测量原理

1）时间法

时间法指在波形信号时域上进行处理的方法。具体方法是：首先将传感器采集到的原始脉搏波信号进行放大、去噪、滤波等处理后得到可用的脉搏波信号；然后通过峰值检测等方法检测单位时间，如 1 min 内，出现几个周期，即可得到心跳速度。

2）频率法

频率法指在波形信号频域上进行处理的方法。对收集到的样本进行快速傅里叶变换后，根据人体正常心率范围，确定脉搏波幅度谱的幅值为 1～1.6 Hz 范围内的峰值点对应的频率就是脉搏波的频率。这种方法省去了复杂的滤波等信号处理过程，但相应计算量较大，实现较为复杂。

3. 血氧饱和度测量原理

按照朗伯-比尔定律，假设光强为 I_0 的单色光垂直照射人体组织，通过人体组织的透射光强为

$$I = I_0 e^{-\varepsilon_0 C_0 l - (\varepsilon_{HbO_2} C_{HbO_2} + \varepsilon_{Hb} C_{Hb})L} \tag{4.19}$$

式中：ε_0、C_0 和 l 分别表示组织内的非脉动成分及静脉血的总消光系数、光吸收物质浓度和光在组织中的行进距离；L 为光在动脉血中的行进距离；ε_{HbO_2}、C_{HbO_2} 分别为氧合血红蛋白 HbO_2 的消光系数及其浓度；ε_{Hb}、C_{Hb} 分别为还原血红蛋白 Hb 的消光系数及其浓度。则人体组织的吸光度 A 可表示为

$$A = \lg \frac{I_0}{I} = -\lg \frac{I}{I_0} = \varepsilon_0 C_0 l + (\varepsilon_{HbO_2} C_{HbO_2} + \varepsilon_{Hb} C_{Hb})L \tag{4.20}$$

在心脏收缩期峰值处，血管充盈，则由动脉血等组织吸收的光强最大，透过组织后的光强最小。假设由动脉血液容积变化引起的光程大小由原来的 L 变为 L_{max}，透过组织后的光强为 I_{min}；同时假设非脉动成分及其他组织成分引起的光强是不变的，即光在这些组织中的光程差不变，则式（4.20）可写为

$$A_{min} = -\lg \frac{I_{min}}{I_0} = \varepsilon_0 C_0 l + (\varepsilon_{HbO_2} C_{HbO_2} + \varepsilon_{Hb} C_{Hb})L_{max} \tag{4.21}$$

同理，在心脏舒张期峰值处，血液容积减至最小值，则由动脉血等组织吸收的光强最小，透过组织后的光强最大。假设由动脉血液容积变化引起的光程大小由原来的 L 变为 L_{min}；同时假设非脉动成分及其他组织成分引起的光强是不变的，即光在这些组织中的光程差不变，则式（4.20）可写为

$$A_{max} = -\lg \frac{I_{max}}{I_0} = \varepsilon_0 C_0 l + (\varepsilon_{HbO_2} C_{HbO_2} + \varepsilon_{Hb} C_{Hb})L_{min} \tag{4.22}$$

将式（4.21）与式（4.22）二式相减，同时设 $\Delta L = L_{max} - L_{min}$，可得

$$\Delta A = (\varepsilon_{HbO_2} C_{HbO_2} + \varepsilon_{Hb} C_{Hb}) \cdot \Delta L \tag{4.23}$$

上式表明，吸光度的变化量 ΔA 仅取决于动脉血的光程的变化。即通过探测器探测透过组织的光强的变化率就能检测出血液容积的变化，则式（4.23）变形为

$$\Delta A = \lg \frac{I_{DC} - I_{AC}}{I_{DC}} = \frac{I_{AC}}{I_{DC}} = (\varepsilon_{HbO_2} C_{HbO_2} + \varepsilon_{Hb} C_{Hb}) \Delta L \tag{4.24}$$

式中：I_{AC} 表示由动脉血搏动引起的光强变化量；I_{DC} 表示透过组织的非动脉组织引起的光强。上式即为光电容积脉搏波的测量原理。

脉搏式血氧饱和度测量技术就是通过检测血液容量波动引起光吸收量的变化来消除非血液组织的影响，从而求得脉搏血氧饱和度 SPO_2。如式（4.24）所示，由于光路径的变化量 ΔL 属于未知量，所以需要得到两个不同波长的光的变化量表达式，来消除未知量的

影响，即双波长法。假设两单色光的波长分别为 λ_1 和 λ_2，同时令 $D_{\lambda 1} = \dfrac{I_{AC}^{\lambda 1}}{I_{DC}^{\lambda 1}}$、$D_{\lambda 2} = \dfrac{I_{AC}^{\lambda 2}}{I_{DC}^{\lambda 2}}$，将 $D_{\lambda 1}$ 和 $D_{\lambda 2}$ 两式相除，同时结合式（4.24），则

$$\frac{D_{\lambda 1}}{D_{\lambda 2}} = \frac{I_{AC}^{\lambda 1}/I_{DC}^{\lambda 1}}{I_{AC}^{\lambda 2}/I_{DC}^{\lambda 2}} = \frac{\varepsilon_{HbO_2}^{\lambda 1} C_{HbO_2} + \varepsilon_{Hb}^{\lambda 1} C_{Hb}}{\varepsilon_{HbO_2}^{\lambda 2} C_{HbO_2} + \varepsilon_{Hb}^{\lambda 2} C_{Hb}} \tag{4.25}$$

根据脉搏血氧饱和度的定义

$$SPO_2 = \frac{C_{HbO_2}}{C_{HbO_2} + C_{Hb}} \times 100\% \tag{4.26}$$

有

$$SPO_2 = \frac{\varepsilon_{Hb}^{\lambda 2} \cdot (D_{\lambda 1}/D_{\lambda 2}) - \varepsilon_{Hb}^{\lambda 1}}{(\varepsilon_{HbO_2}^{\lambda 1} - \varepsilon_{Hb}^{\lambda 1}) - (\varepsilon_{HbO_2}^{\lambda 2} - \varepsilon_{Hb}^{\lambda 1}) \cdot (D_{\lambda 1}/D_{\lambda 2})} \tag{4.27}$$

当 λ_2 选为等吸收波长时，即此波长处还原血红蛋白与氧合血红蛋白的消光系数相等，有 $\varepsilon_{Hb}^{\lambda 1} = \varepsilon_{Hb}^{\lambda 2}$，则式（4.27）可变为

$$SPO_2 = \frac{\varepsilon_{Hb}^{\lambda 1}}{(\varepsilon_{Hb}^{\lambda 1} - \varepsilon_{HbO_2}^{\lambda 1})} - \frac{\varepsilon_{Hb}^{\lambda 2}}{(\varepsilon_{Hb}^{\lambda 1} - \varepsilon_{HbO_2}^{\lambda 1})} \cdot \frac{D_{\lambda 1}}{D_{\lambda 2}} \tag{4.28}$$

式中：$\varepsilon_{Hb}^{\lambda 1}$、$\varepsilon_{HbO2}^{\lambda 1}$、$\varepsilon_{Hb}^{\lambda 2}$ 均为常数，可采用时域或频域光谱法获得。令 $A = \dfrac{\varepsilon_{Hb}^{\lambda 1}}{(\varepsilon_{Hb}^{\lambda 1} - \varepsilon_{HbO_2}^{\lambda 1})}$，$B = -\dfrac{\varepsilon_{Hb}^{\lambda 2}}{(\varepsilon_{Hb}^{\lambda 1} - \varepsilon_{HbO_2}^{\lambda 1})}$，$R = \dfrac{D_{\lambda 1}}{D_{\lambda 2}}$，则式（4.28）可化简为

$$SPO_2 = A + B \cdot R \tag{4.29}$$

式中：A、B 为经验常数，可以通过定边确定。

式（4.29）即是利用双波长法测量血氧饱和度的线性经验公式。

4. MAX30100 模块

以下以脉搏信号采集模块 MAX30100 为例进行简单介绍。MAX30100 模块包括波长 660 nm 的红光和 880 nm 的红外光两个 LED 发光源、光学传感器、信号调理电路、低噪声信号处理器和模/数转换器，支持 I^2C 通信协议，通过对反射的光信号进行处理后获得心率、血氧数据。由于模块尺寸较小、电路设计简化，因此在血氧心率检测设备中得到广泛的应用。由于未携带氧气的血红蛋白能够吸收较多波长为 600~750 nm 的红光，而携带氧气的血红蛋白则能吸收较多波长为 850~1 000 nm 的红外光，因此，MAX30100 模块具有两个光源。MAX30100 模块电源电压为 1.6~5.5 V，通信方式为 I^2C 总线，I^2C 读取地址为 0xAF，I^2C 写入地址为 0xAE，I^2C 时钟频率为 0~400 kHz，测量方式为光电容积描记法。MAX30100 模块的外观如图 4-36

图 4-36　MAX30100 模块外观

所示，MAX30100 模块引脚的定义如表 4 – 10 所示。

表 4 – 10　MAX30100 模块引脚定义

序号	名称	引脚定义
1	VIN	电源输入 1.6 ~ 5.5 V
2	SCL	I²C 总线的时钟线
3	SDA	I²C 总线的数据线
4	INT	中断（低电平有效）
5	IRD	红外光 LED 阴极与 LED 驱动连接点
6	RD	红光 LED 阴极与 LED 驱动连接点
7	GND	地

MAX30100 模块的内部结构如图 4 – 37 所示。

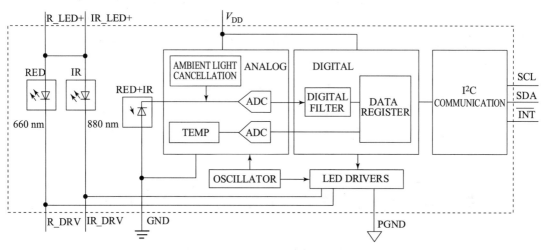

图 4 – 37　MAX30100 内部结构示意图

当 MAX30100 模块开始工作时，驱动电路会根据特定的时序交替驱动红光 LED 和红外光 LED 发光。光照射到人体组织发生反射，内部光电探测器会采集反射光，并将光信号转化为电信号，再经过 A/D 转换器实现模拟信号与数字信号的转换。转换后的数字信号进行数字滤波处理后放置于数据寄存器中，等待主控芯片读出数据。MAX30100 模块采用 I²C 总线方式与主控芯片进行通信。红光和红外光两路脉搏信号存储在数据寄存器中，通常每次的采样包含一个 8 位的红光或红外光脉搏数据，因此需要 I²C 接口读取四次，如图 4 – 38 所示。

MAX30100 模块内部的温度传感器数据可以用来矫正由于环境温度变化产生的误差。内部的 16 位数据寄存器（FIFO，先进先出）除了存储采集的数据外，还能进行速度匹配。模块内具有 16 位的积分型 A/D 转换器，输出数据的频率可以通过编程实现 50 Hz ~ 1 kHz 范围变化。LED 的脉冲宽度也可以通过编程设置为 200 μs ~ 1.6 ms 范围，以优化测量精度和降低功耗。上述的数据输出频率和 LED 的脉冲宽度，可通过设置相应的寄存器得到。

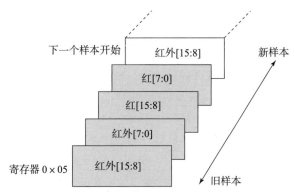

图 4 – 38　MAX30100 模块数据在寄存器中的存放规则

MAX30100 模块内部主要有 5 类寄存器，包括状态寄存器、FIFO、配置寄存器、温度寄存器、ID 寄存器。其中，温度寄存器主要是读取芯片的温度值，以矫正因为温度而产生的偏差；ID 寄存器主要是读取芯片的 ID 号；状态寄存器有两个，一个是中断状态寄存器，另一是中断使能寄存器。如使能心率中断，则当心率转换结束时，其状态位就会置 1。数据存储在 FIFO 寄存器中的 FIFO_DATA 寄存器，本次实验需去读取它。FIFO 寄存器中的其余三个是溢出计数以及读写指针。FIFO_DATA 寄存器中存储的是采集到的经过 A/D 转换后的数据，每一次读数会读四次，依次是 IR 的高低数据、RED 的高低数据，如图 4 – 38 所示。配置寄存器中主要是模式选择、设置血氧浓度相关参数、设置 LED 灯脉冲宽度功率等，具体内容可参见 MAX30100 数据手册。

4.6　视频图像采集处理系统设计与实现

4.6.1　引言

随着计算机技术的发展，信息的采集逐渐趋于高速度、高效率以及高可靠性发展。在各类信息中，图像信息以其现象直观、内容丰富等特点受到人们的重视。嵌入式技术和图像处理技术的结合，可以使人们利用摄像头进行安防、探测、智能化仪器仪表开发等工作。

伴随着微电子技术的迅速发展，图像采集及图像处理技术也在以飞快的速度逐渐向数字化转变。目前，图像采集与处理系统广泛应用于各种工业领域，如工业控制、医疗器械、国防安全等。日常生活中也随处可见视频技术的应用，如视频通信、数码相机、人脸识别等视觉应用。

4.6.2　设计任务及要求

（1）设计任务：设计一个视频图像的采集与处理系统，能够使用摄像头采集视频图像，并对图像进行二值化处理。

（2）基本要求：以 STM32 单片机（或其他智能芯片）为主控器件，利用现成的摄像头（如 OV7725），进行视频图像的实时采集，并将图像在 TFT 液晶显示屏上显示；对实时图像进行二值化处理，将结果同样在 TFT 液晶显示屏上显示；设计并搭建硬件系统，编写图像采集及处理程序，完成调试，完成设计报告。

注：在满足设计任务要求的情况下，若有其他更好实现方法也可。

4.6.3　设计思路及分析

以 STM32 单片机做主控器件为例，如果摄像头采用 OV7725，则下面给出一种系统设计框图，如图 4 – 39 所示。

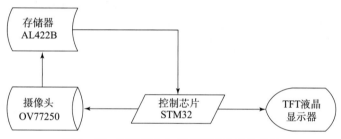

图 4 – 39　图像采集与处理系统总体结构图

图 4 – 39 所示为基于 STM32 和摄像头 OV7725 的图像采集与处理系统，硬件主要包括 STM32 开发板、摄像头、TFT 液晶显示器。视频图像经过摄像头 OV7725 采集后，送入到芯片 AL422B。芯片 AL422B 为存储器（RAM），用来接收图像数据。处理芯片 STM32 作为图像采集与处理系统的控制核心，将芯片 AL422B 中的数据读出、处理，并显示在 TFT 液晶显示屏上。

4.6.4　相关知识概述

1. CCD 与 CMOS 图像传感器简介

摄像头的图像传感器主要有两种，分别是电荷耦合元件（Charge Coupled Device，CCD）和互补金属氧化物半导体（Complementary Metal Oxide Semiconductor，CMOS），是图像采集及数字化处理必不可少的关键器件，广泛应用于科学、教育、医学、商业、工业、军事和消费领域。

1）CCD 图像传感器

CCD 图像传感器于 1969 年由美国贝尔实验室（Bell Labs）的 Willard S. Boyle 和 George E. Smith 发明。CCD 图像传感器可直接将光学信号转换为模拟电流信号，电流信号经过放大和模/数转换，实现图像的获取、存储、传输、处理和复现。

CCD 图像传感器是按一定规律排列的 MOS（金属 – 氧化物 – 半导体）电容器组成的

阵列，在 P 型或 N 型硅衬底上生长一层很薄（约120nm）的二氧化硅，再在二氧化硅薄层上依次沉积金属或掺杂多晶硅电极（栅极），形成规则的 MOS 电容器阵列就构成了 CCD 芯片。

一般情况下，CCD 将光信号转化成电信号的工作过程有四步。

（1）电荷的产生。CCD 可以将入射光信号转换为电荷输出，原理是半导体内光电效应（光生伏特效应）。

（2）信号电荷的收集。将入射光子激励出的电荷收集起来成为信号电荷包的过程。

（3）信号电荷包的转移。将所收集起来的电荷包从一个像元转移到下一个像元，直到全部电荷包输出完成的过程。

（4）电荷的检测。将转移到输出级的电荷转化为电流或者电压的过程。输出类型主要有以下三种：电流输出、浮置栅放大器输出和浮置扩散放大器输出。

CCD 按结构可分为线阵 CCD 和面阵 CCD。像元排列为一行的称为线阵 CCD，像元排列为面阵的形式包括若干行和列的结合，称为面阵 CCD。线阵 CCD 可应用于光谱仪、扫描仪等设备上，面阵 CCD 可用于海洋监测、对地侦察、遥感测量等方面。

CCD 按光照方式分为前照式和背照式。CCD 由一层多晶硅栅极（又称电极）构成，该栅极覆盖器件的移位寄存器和光敏部分。光敏部位于电极下方，因此从 CCD 正面入射的光必须首先通过多晶硅，然后才能产生电荷。在前照式系统中，由于存在多晶硅电极，CCD 对光的响应会大大改变。由于电极不是完全透明的，它们会散射和反射入射光，因此会降低整体灵敏度。此外，由于电极的厚度超过吸收深度，对于某些波长的光，电极基本上检测不到。量子效率是指在某一特定波长下单位时间内产生的平均光电子数与入射光子数之比。受到多晶硅栅极的影响，典型前照式 CCD 在 700 nm 附近的最大量子效率约为 50%，在整个可见光谱范围内平均为 25% ~ 30%。光从背面入射，即先进入光敏部分，则称为背照式。背照式图像传感器有很高的量子效率和很高的灵敏度，适合微弱信号的探测。但是，背照式 CCD 图像传感器比前照式 CCD 图像传感器制作工艺复杂，包括背面减薄、背面掺杂、背面镀增透膜等。

在微光领域，CCD 有像增强型 CCD（ICCD）、电子轰击 CCD（EBCCD）、电子倍增 CCD（EMCCD）等几种类型。ICCD 由像增强器、光纤耦合元件和普通 CCD 构成。像增强器由光电阴极、微通道板和荧光屏组成。光子打到光阴极后产生光电子，光电子经电场加速进入微通道板，光电子进入微通道板后被倍增，放大后的电子束打在荧光屏上。荧光屏激发出的光子经光纤耦合到 CCD 上，再经光电转换得到最终图像，成像过程表现为传统的光 – 电 – 光 – 电。ICCD 有较高的灵敏度，可以获取高时间分辨率的图像，但是过多的成像转换环节使得图像质量有所下降。

EBCCD 与 ICCD 不同之处在于，入射光子在光阴极产生的光电子，经电场加速后直接入射到背照 CCD 上，在 CCD 中形成电子轰击效应，将光信号放大。相比于 ICCD，EBCCD 有更小的噪声，但是由于 CCD 在 10 ~ 20 keV 电子轰击下会产生辐射损伤，会使暗电流增大，转移效率下降。

相对于普通 CCD 而言，EMCCD 没有改变其内部结构，两者最大的区别在于，EMCCD

在水平读出寄存器和读出放大器中间加了电荷倍增寄存器。电荷倍增寄存器在合适的条件下可以使电荷碰撞，从而实现倍增效果。与 ICCD 和 EBCCD 相比，EMCCD 有更高的量子效率。

2）CMOS 图像传感器

CMOS 图像传感器是一种典型的固体成像传感器，1963 年 Morrison 发明了可计算传感器，这是一种可以利用光导效应测定光斑位置的结构，成为 CMOS 图像传感器发展的开端。1995 年，低噪声的 CMOS 有源像素传感器单片数字相机获得成功，接下来，CMOS 传感器有了迅速的发展。

CCD 与 CMOS 这两种图像传感器虽然都是半导体材料制造的，但是 CCD 是集成在单晶材料上，而 CMOS 是集成在金属氧化物的半导体材料上。正因为制造工艺不同，也导致了它们的工作原理也大不一样。与 CCD 结构不同，CMOS 每个像元都连接各自的模拟信号处理电路、放大器、A/D 转换电路。CMOS 在一个像元内就完成了电荷产生、电荷收集、电荷转移。与 CCD 比较，CMOS 图像传感器的功耗小，成像速度快，响应范围宽，成本低。随着半导体技术的发展，CMOS 噪声高及灵敏度低的缺点也在不断改善，主流的单反相机、智能手机都已普遍采用 CMOS 图像传感器。

2. 图像基础知识

广义上，图像就是所有具有视觉效果的画面，根据图像记录方式的不同可分为模拟图像和数字图像。模拟图像可以通过某种物理量的强弱变化来记录图像亮度信息，数字图像则是用计算机存储的数据来记录图像上每个点的亮度信息。

1）RGB 色彩系统

RGB 色彩系统是最常用的颜色系统，自然界中的所有颜色都可以由红、绿、蓝（R、G、B）三原色组合而成。任何一种人眼能感知的颜色都可以用 RGB 三种基色按照不同的比例混合。例如，白色 = 100% 红色 + 100% 绿色 + 100% 蓝色；黄色 = 100% 红色 + 100% 绿色 + 0% 蓝色。三原色可分为 0 ~ 255 共 256 个等级，0 级表示不含成分，255 表示含 100% 成分。这样，根据 RGB 三原色的各种不同的组合，可以表示出 256 × 256 × 256（约 1 600 万）种颜色。

RGB 的像素格式，主流的有 RGB565，RGB555、RGB24 等。

RGB565 格式：每个像素用 16 bit 来表示，即 2 B，或者说 1 个字（Word），R、G、B 分别用 5 bit、6 bit、5 bit 来表示。

RGB555 格式：每个像素用 16 bit 来表示，即 2 B，或者说 1 个 Word，但是最高位不用，R、G、B 分别用 5 bit 来表示。

RGB24 格式：每个像素用 24 bit 表示，也就是 3 B 来表示，R、G、B 分量分别用 8 bit 来表示。

2）YUV 色彩系统

YUV 色彩系统主要应用于视频系统。YUV 颜色编码采用明亮度和色度来指定像素的颜色，而色度又定义了颜色的两个方面，即色调和饱和度。其中，Y 表示亮度信息，也就是灰阶值；U 和 V 表示色度（色调和饱和度）信息，用于指定像素的颜色。

人类视觉对亮度的敏感度比对色度的敏感度高。YUV 色彩模型将亮度信息从色度信息中分离了出来，并且对同一帧图像的亮度和色度采用了不同的采样率。在 YUV 色彩模型中，亮度信息 Y 与色度信息 U、V 相互独立。如果只有 Y 信号分量而没有 U、V 分量，那么这样表示的图像就是黑白灰度图像。视频系统采用 YUV 色彩系统，可以解决黑白电视和彩色电视的兼容问题。如果只有 Y 信号分量，为黑白灰度图，可以被黑白电视接收；如果同时还有 U、V 信号分量，则可以被彩色电视接收。

YUV 色彩系统中，亮度 Y 是通过 RGB 输入信号来建立的，方法是将 RGB 信号的特定部分叠加到一起。色度则定义了颜色的色调和饱和度，分别用 U（Cb）和 V（Cr）来表示。其中，U（Cb）反映的是 RGB 输入信号蓝色部分与 RGB 信号亮度值之间的差异，而 V（Cr）反映了 RGB 输入信号红色部分与 RGB 信号亮度值之间的差异。通常，Y 通道数值越高，图片则越亮；U 通道数值越高，颜色就越接近蓝色；V 通道数值越高，颜色就越接近红色。

RGB 与 YUV 之间的对应关系如下：

$$\begin{bmatrix} Y \\ U \\ V \end{bmatrix} = \begin{bmatrix} 0.299 & 0.587 & 0.114 \\ -0.148 & -0.289 & 0.437 \\ 0.615 & -0.515 & -0.100 \end{bmatrix} \begin{bmatrix} R \\ G \\ B \end{bmatrix} \tag{4.30}$$

$$\begin{bmatrix} R \\ G \\ B \end{bmatrix} = \begin{bmatrix} 1 & 0 & 1.140 \\ 1 & -0.395 & -0.581 \\ 1 & 2.032 & 0 \end{bmatrix} \begin{bmatrix} Y \\ U \\ V \end{bmatrix} \tag{4.31}$$

YUV 图像存储模式与采样方式密切相关。主流的采样方式有三种，即 YUV444、YUV422、YUV420。这些采样方式，不压缩 Y 分量，而是对 UV 分量有不同程度的压缩。这是由人眼的特性决定的，人眼对亮度 Y 更敏感，对色度 UV 没有那么敏感，压缩 UV 分量可以降低数据量，但并不会对人眼主观感觉造成太大影响。

采样方式 YUV444，即相邻的 4 个像素里有 4 个 Y、4 个 U、4 个 V。每 1 个 Y 使用 1 组 UV 分量如下：

$$\begin{array}{cccc} [YUV] & [YUV] & [YUV] & [YUV] \\ [YUV] & [YUV] & [YUV] & [YUV] \\ [YUV] & [YUV] & [YUV] & [YUV] \\ [YUV] & [YUV] & [YUV] & [YUV] \end{array} \tag{4.32}$$

在这种采样方式下，一个像素点包含完整的信息，每个像素的三个分量信息完整，每个分量通常 8bit，因此未经压缩的每个像素占用 3B。

采样方式 YUV422，即相邻的 4 个像素里有 4 个 Y、2 个 U、2 个 V。每 2 个 Y 共用 1 组 UV 分量如下：

$$\begin{cases} [YU] & [YV] & [YU] & [YV] \\ [YV] & [YU] & [YV] & [YU] \\ [YU] & [YV] & [YU] & [YV] \\ [YV] & [YU] & [YV] & [YU] \end{cases} \tag{4.33}$$

平均算来，一个像素占用的数据宽度为 16 bit，其中 Y 占 8 bit，U 占 4 bit，V 占 4 bit。因此，在这种采样方式下，还原出一个像素点，需要相邻的两个像素点数据，两个 Y 共用一个 UV。

采样方式 YUV420，即相邻的 4 个像素里有 4 个 Y、1 个 U、1 个 V。每 4 个 Y 共用 1 组 UV 分量如下：

$$\begin{cases} [YU] & [Y] & [YU] & [Y] \\ [YV] & [Y] & [YV] & [Y] \\ [YU] & [Y] & [YU] & [Y] \\ [YV] & [Y] & [YV] & [Y] \end{cases} \tag{4.34}$$

平均算来，一个像素占用的数据宽度为 12 bit，其中 Y 占 8 bit，U 占 2 bit，V 占 2 bit。因此，在这种采样方式下，还原出一个像素点，需要相邻的四个像素点数据。

3）YCbCr 色彩系统

YCbCr 色彩系统也是一种常见的色彩系统，是由 YUV 色彩系统派生的一种颜色系统，JPEG、MPEG 采用的色彩系统就是该系统。其中，Y 表示亮度信息，而 Cb 和 Cr 是将 U 和 V 做少量调整得到的。RGB 与 YCbCr 之间的对应关系如下式：

$$\begin{bmatrix} Y \\ Cb \\ Cr \\ 1 \end{bmatrix} = \begin{bmatrix} 0.2990 & 0.5870 & 0.1140 & 0 \\ -0.1687 & -0.3313 & 0.500 & 128 \\ 0.5000 & -0.4187 & -0.0813 & 128 \\ 0 & 0 & 0 & 1 \end{bmatrix} \begin{bmatrix} R \\ G \\ B \\ 1 \end{bmatrix} \tag{4.35}$$

$$\begin{bmatrix} R \\ G \\ B \end{bmatrix} = \begin{bmatrix} 1 & 1.40200 & 0 \\ 1 & -0.34414 & -0.71414 \\ 1 & 1.77200 & 0 \end{bmatrix} \begin{bmatrix} Y \\ Cb-128 \\ Cr-128 \end{bmatrix} \tag{4.36}$$

YCbCr 色彩系统的采样方式与 YUV 彩色系统类似。

4）灰度图像

灰度图像是指只含亮度信息，不含彩色信息的图像，就像黑白照片，亮度是变化的。因此，要表示灰度图像，就需要把亮度值进行量化。以 8 位图像为例，亮度值可划分为 0 ~ 255 共 256 个级别（8 位图像，$2^8 = 256$），数值 0 表示最暗（全黑），数值 255 表示最亮（全白）。

在计算机图像处理应用中，像素是图像最小的组成单元，像素中存储着图像的基本信息，以数值的形式进行表达。实际中获取的图像包含了很多信息，如亮度、颜色、光照、背景等。在某些应用中，为了使计算机语言更好地识别图像，需要将图像进行灰度转换，即令彩色图像转化成灰度图像，也就是只保留亮度信息，其他信息去掉。

通常，采集到的图像都是彩色图像，计算机无法直接对其处理，因此需要对采集到的图像灰度化处理。为了减少检测过程中的计算负担，首先必须去除图像的颜色信息，仅仅存储亮度信息。以 RGB 彩色图像为例，转换为灰度图像常用的处理方法主要包含以下几种。

（1）最大值法。选择 RGB 色彩中的最大值分量，将其作为像素灰度值，从而得到灰度图像。设 R (i, j)、G (i, j)、B (i, j) 表示三原色中的红、绿、蓝分量，则灰度值 Gray (i, j) 的转化公式如下：

$$Gray\ (i, j) = \max \left[R\ (i, j),\ G\ (i, j),\ B\ (i, j) \right] \tag{4.37}$$

（2）平均灰度法。对 RGB 色彩中的三个分量 R (i, j)、G (i, j)、B (i, j) 求和后取平均，则灰度值 Gray (i, j) 的转化公式如下：

$$Gray\ (i, j) = \frac{R\ (i, j) + G\ (i, j) + B\ (i, j)}{3} \tag{4.38}$$

（3）加权平均法。RGB 色彩中的三个分量 R (i, j)、G (i, j)、B (i, j) 首先加上不同的权重；然后相加，则灰度值 Gray (i, j) 的转化公式如下：

$$Gray\ (i, j) = 0.229R\ (i, j) + 0.587G\ (i, j) + 0.114B\ (i, j) \tag{4.39}$$

3. OV7725 摄像头

OV7725 摄像头实物如图 4-40 所示。

（a）   （b）

图 4-40   OV7725 摄像头实物图

OV7725 摄像头主要由镜头、图像传感器、板载电路、FIFO 缓存及一系列针脚组成。摄像头上带有镜头部件，主要包括一个镜头座和一个物镜，物镜可通过旋转的方式调节焦距。镜头座已安装在电路板上，正常使用时，光线只能经过镜头传输到电路板上的图像传感器上，图像传感器采集数据，并将数据缓存到摄像头背面的 FIFO 缓存中（AL422B 芯片），外部器件（如 STM32 单片机等）可通过下方的信号引脚获取拍摄到的图像数据。

如果我们拆开摄像镜头座，在下方可看到印制电路板（PCB）上的一个方形器件，它是摄像头的核心部件，型号为 OV7725 的 CMOS 型数字图像传感器。该传感器的最大分辨率为 640×480，输出最大约 30 万像素的图像。传感器体积小，工作电压低，支持使用 VGA 时序输出图像数据，输出图像的数据格式支持 YUV（422/420）、YCbCr422 和 RGB565 格式。它还可以对采集的图像进行补偿，支持伽玛曲线、白平衡、饱和度、色度等基础处理。

1）OV7725 引脚及功能

OV7725 传感器采用 BGA 封装（球栅阵列封装），摄像头的前端是采光窗口，部分引脚在电路板背面引出。OV7725 的引脚分布如图 4-41 所示。

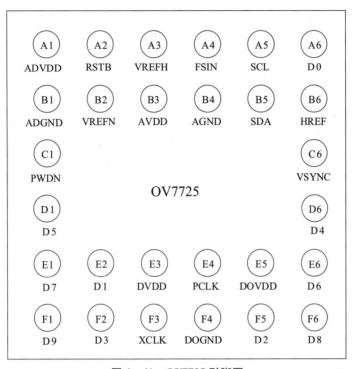

图 4-41 OV7725 引脚图

OV7725 主要的引脚功能如表 4-11 所示。

表 4-11 OV7725 部分引脚功能

引脚名称	引脚类型	引脚功能
RSTB	输入	系统复位引脚，低电平有效
PWDN	输入	掉电/省电模式（高电平有效）
HREF	输出	行同步信号
VSYNC	输出	场同步信号
PCLK	输出	像素同步时钟
FSIN	输入	帧同步信号
XCLK	输入	系统时钟输入端口
SCL	输入	SCCB 总线的时钟线
SDA	输入/输出	SCCB 总线的数据线
D0 ~ D9	输出	像素数据端口

OV7725 的内部功能框图如图 4 – 42 所示。

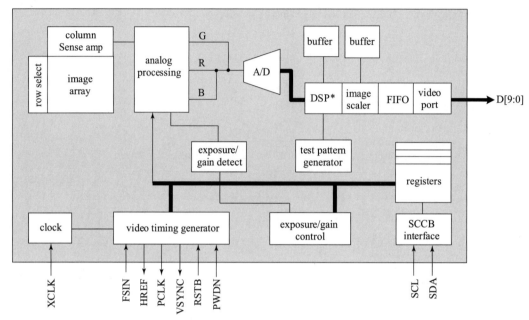

图 4 – 42 OV7725 内部功能框图

图 4 – 42 所示为 OV7725 的内部功能框图，主要是由 XCLK 信号驱动时钟进行图像数据的采样。感光阵列（image array）在 XCLK 时钟的驱动下进行图像采样，输出 640 ×480 阵列的模拟数据；接着模拟信号处理器（analog processing）在时序发生器（video timing generator）的控制下对模拟数据进行算法处理；模拟数据处理完成后分成 G（绿色）和 R/B（红色/蓝色）两路通道经过 A/D 转换器后转换成数字信号，并且通过 DSP 进行相关图像处理，最终输出所配置格式的 10 位视频数据流。模拟信号处理以及 DSP 等都可以通过寄存器（registers）来配置，配置寄存器的接口就是 SCCB 接口，该接口协议兼容 I^2C 协议。以下结合内部功能框图，对 OV7725 的主要信号引脚进行简单介绍。

（1）控制器。图 4 – 42 的右下角寄存器 registers，是 OV7725 的控制寄存器，它根据寄存器配置的参数来运行。参数是由外部控制器通过 SCL 和 SDA 引脚写入，SCL 和 SDA 使用 SCCB 通信协议，与 I^2C 通信协议类似，因此，可由具有 I^2C 硬件外设的单片机直接控制。

（2）时钟及控制信号。图 4 – 42 的左下角包含了 OV7725 的时钟及控制信号，其中 PCLK、HREF 和 VSYNC 分别是像素同步时钟、行同步信号和场同步信号，都是输出信号，与液晶屏控制的 VGA 信号类似；RSTB 引脚为复位引脚，当此引脚为低电平时，用于复位整个传感器芯片，为输入信号；PWDN 引脚用于控制芯片进入低功耗模式；FSIN 引脚为帧同步信号，为输入信号；XCLK 引脚是驱动整个传感器芯片的信号，为输入信号。与

PCLK 信号不同，XCLK 引脚信号是外部输入到 OV7725 的信号；而 PCLK 是 OV7725 输出数据时的同步信号，它是 OV7725 输出的信号。XCLK 可以外接晶振或由外部控制器提供。

（3）感光阵列。图 4 - 42 的左上角为感光阵列部分，光信号在这部分转换为电信号，经过各种处理后，这些信号存储为由像素点组成的数字图像。

（4）数据输出信号。图 4 - 42 的右上角包含了 DSP 处理单元，它会根据控制寄存器的参数配置，做一些基本的图像处理运算。这部分还包含了图像格式转换单元及压缩单元，转换出的数据最终通过 D0 ~ D9 引脚输出。通常使用 8 根数据线来传输，这时仅使用 D2 ~ D9。

2）OV7725 寄存器

OV7725 共有 172 个寄存器，作为诸多工作模式的配置。这些寄存器中，有些是只读，有些则同时支持读写功能。在传感器正常工作之前，必须进行寄存器的初始化，否则无法得到预期效果，更得不到比较好画质的图像。而这些寄存器就是用户需要通过 SCCB 总线接口进行配置的目标。并非所有的寄存器都需要配置，很多寄存器都可以采用默认的值。关于寄存器的配置，可查询《OV7725 技术手册》，表 4 - 12 列出了几个寄存器的配置说明。

表 4 - 12 几个寄存器相关配置说明

地址	寄存器	默认值	说　明	
0x0C	COM3	0x10	bit［7］	垂直图像翻转开关
			bit［6］	水平镜像开关
			bit［5］	交换 RGB 输出模式 B/R 位置
			bit［4］	交换 YUV 输出模式 Y/UV 位置
			bit［3］	交换 MSB/LSB 位置
			bit［2］	电源休眠期间输出时钟三态选择，0：三态，1：非三态
			bit［1］	电源休眠期间输出数据三态选择，0：三态，1：非三态
			bit［0］	彩条测试使能
0x0D	COM4	0x41	bit［7：6］	PLL 频率控制
				00：旁路 PLL
				01：PLL 4x
				02：PLL 6x
				03：PLL 8x
0x11	CLKRC	0x00	bit［6］	选择是否直接使用外部时钟
			bit［5：0］	内部 PLL 配置（注1）

地址	寄存器	默认值	说明	
0x12	COM7	0x00	bit[7]	SCCB 寄存器复位, 0: 保持不变, 1: 复位所有寄存器
			bit[6]	0: VGA 分辨率输出, 1: QVGA 分辨率输出
			bit[5]	BT 656 协议输出开关
			bit[4]	输出 RAW RGB 原始数据格式
			bit[3:2]	RGB 输出格式控制 00: RGB422, 01: RGB565, 10: RGB555, 11: RGB444
			bit[1:0]	输出格式控制 00: YUV, 01: Processed Bayer RAW, 10: RGB, 11: Bayer RAW
0x12	COM8	0xCF	bit[2]	选择是否开启自动增益 AGC 功能
			bit[1]	选择是否开启自动白平衡 AWB 功能
			bit[0]	选择是否开启自动曝光 AEC 功能
0x15	COM10	0x00	bit[7]	反转输出图像数据
			bit[6]	切换 HREF 到 HSYNC 信号
			bit[5]	PCLK 输出选项, 0: PCLK 时钟有效, 1: 在行无有效信号时 PCLK 无效
			bit[4]	翻转 PCLK 信号
			bit[3]	翻转 HREF 信号
			bit[2]	VSYNC 选项 0: VSYNC 在 PCLK 的下降沿变化 1: VSYNC 在 PCLK 的上升沿变化
			bit[1]	翻转 VSYNC 信号 (默认高电平同步, 低电平有效)
			bit[0]	0: 10 位图像数据输出, 1: 高 8 位图像数据输出
0x9B	BRIGHT	0x00	亮度值补偿, 可以通过此值提高像素的亮度	

注 1: $F(\text{internal clock}) = F(\text{input clock})/(\text{bit}[5:0]+1)/2$。

OV7725 支持多种不同分辨率图像的输出, 包括 VGA (640×480)、QVGA (320×240) 以及 CIF (一种常用的标准化图像格式, 分辨率为 352×288) 到 40×30 等任意尺寸。

OV7725 支持多种不同的数据像素格式, 包括 YUV、RGB、8 位的 RAW (原始图像数据) 和 10 位的 RAW, 通过寄存器地址 0x12 (COM7) 可配置不同的数据像素格式。

可通过寄存器地址 0x17 (HSTART)、0x18 (HSIZE)、0x19 (VSTRT)、0x1A (VSIZE)、0x29 (HOutSize)、0x2C (VOutSize)、0x2A (EXHCH)、0x32 (HREF) 等来配置输出图像的分辨率等物理参数, 具体配置方法可见《OV7725 软件使用手册》。

下面给出一段简单的摄像头配置范例:

```
SCCB_salve_Address = 0x42;    0x42 为器件地址
```

```
write_SCCB(0x12,0x40);          //QVGA(320×240),YUV 输出格式
write_SCCB(0x13,0xFF);          //打开自动增益(AGG),自动白平衡(AWB),
                                //自动曝光(AEC)
write_SCCB(0x17,0x3F);          //HSTART,QVGA(320×240)
write_SCCB(0x18,0x50);          //HSIZE,QVGA(320×240)
```

其中,write_SCCB 是一个利用 SCCB 向寄存器写入数据的函数,第一个参数为要写入的寄存器的地址;第二个参数为要写入的内容。

3）SCCB 时序

外部控制器对 OV7725 寄存器的配置参数是通过 SCCB 总线传输过去的,SCCB 总线和 I²C 总线非常类似,所以如果所用芯片带 I²C 总线外设,则可通过片上 I²C 外设与 OV7725 进行通信,当然也可使用软件编程方法来模拟 SCCB 时序。

SCCB（Serial Camera Control Bus,串行摄像头控制总线）是由 OV（OmniVision）公司定义和发展的三线式串行总线,该总线控制着摄像头大部分的功能,包括图像数据格式、分辨率以及图像处理参数等。OV 公司为了减少传感器引脚的封装,现在 SCCB 总线大多采用两线式接口总线。

摄像头 OV7725 使用的是两线式接口总线,该接口总线包括 SIO_C 串行时钟输入线和 SIO_D 串行双向数据线,分别相当于 I²C 协议的 SCL 信号线和 SDA 信号线。SCCB 协议兼容 I²C 协议,有关 I²C 协议的详细介绍请参考 3.4.3 节。SCCB 的起始和结束与 I²C 完全一样,下面主要介绍 SCCB 传输过程。

SCCB 总线最多分为三步进行数据传输,如图 4 - 43 所示。图 4 - 43 中,每一步包含共 9 位数据,9 位数据中有 8 位有效数据,高位在前。第 9 位数据为不关心位或 NA（非应答信号）,由数据传输是读还是写决定。下面对读/写操作进行介绍。

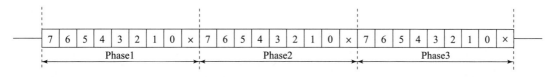

Phase1: ID Address
Phase2: Sub-address/Read Data
Phase2: Write Date

图 4 - 43 SCCB 数据传输格式

SCCB 中定义了两种数据写入操作,即三步写操作和两步写操作。SCCB 的三步写操作如图 4 - 44 所示。

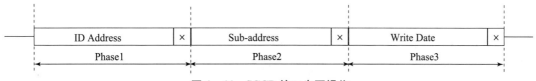

图 4 - 44 SCCB 的三步写操作

在三步写操作中，第一阶段发送从设备的 ID 地址和 W（写）标志，即 7 位 ID 地址 + 1 位写控制 + don't care 位；第二阶段发送从设备目标寄存器的 8 位地址，即 8 位寄存器地址 + don't care 位；第三阶段发送要写入寄存器的 8 位数据，即 8 位数据 + don't care 位。图 4 – 44 中的 X 即 don't care 位，数据可写入 1 或 0，对通信无影响。SCCB 的两步写操作如图 4 – 45 所示。

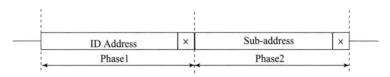

图 4 – 45　SCCB 的两步写操作

两步写操作没有三步写操作的第三阶段，即只向从器件发送设备 ID + W 标志和目的寄存器的地址。两步写操作用来配合读寄存器数据操作，与读操作一起使用。

读操作用来读出设备目的寄存器中的数据，如图 4 – 46 所示。第一阶段发送从设备的 ID 地址和 R（读）标志，即 7 位 ID 地址 + 1 位读控制 + don't care 位；第二阶段读取寄存器中的 8 位数据和写 NA 位（非应答信号）。由于两步读操作没有确定目的寄存器的地址，所以在读操作前，必须有一个两步写操作，以提供读操作中的寄存器地址。

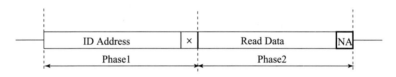

图 4 – 46　SCCB 的两步读操作

SCCB 总线协议与 I^2C 总线协议的异同如下。

（1）SCCB 是简化的 I^2C 协议，SIO – C 是串行时钟输入线，SIO – D 是串行双向数据线，分别相当于 I^2C 协议的 SCL 和 SDA。

（2）SCCB 的总线时序与 I^2C 基本相同，它的响应信号 ACK 称为一个传输单元的第 9 位，分为 don't care 和 NA。don't care 位由从机产生；NA 位由主机产生，由于 SCCB 不支持多字节的读写，NA 位必须为高电平。

（3）SCCB 只能单次读，而 I^2C 除了单次读还支持连续读。

4）OV7725 像素数据输出时序

主控器控制 OV7725 采用 SCCB 协议读写其寄存器，而 OV7725 输出图像时则使用 VGA 或 QVGA 时序。其中 VGA 输出图像分辨率为 480 × 640，QVGA 是 Quarter VGA，输出分辨率为 240 × 320，VGA 输出时序跟主控器控制液晶屏输出图像数据的情况很类似。

摄像头 OV7725 的图像传感器输出图像时是一帧一帧输出，每帧数据一般从左到右，从上到下一个像素一个像素地输出（可通过设置寄存器修改数据传输方向），如图 4 – 47 所示。

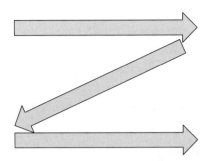

图4－47　一帧图像摄像头数据输出方向

0V7725 的帧时序如图 4 –48 所示。

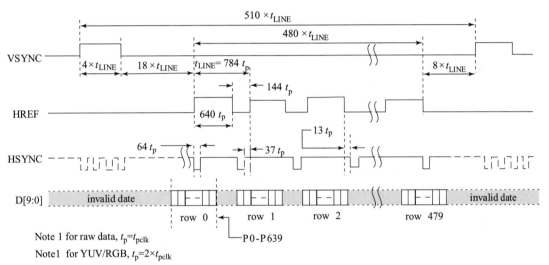

Note 1 for raw data, $t_p = t_{pclk}$

Note1 for YUV/RGB, $t_p = 2 \times t_{pclk}$

图4－48　0V7725 帧时序

在图 4 –48 中，VSYNC 为场同步信号，HREF 为行同步信号，HSYNC 和 HREF 其实是同一个引脚产生的信号，只是在不同场合使用不同的信号形式，这里我们以 HREF 信号为例进行讲解。

从图 4 –48 可看出，数据开始传输时，场同步信号 VSYNC 为低电平。一个 HREF（行同步信号）周期由 640 t_p 高电平和 144 t_p 低电平组成，其中 640 t_p 为一行数据的传输时间，144 t_p 是传输一行数据的间隔时间。对于 YUV/RGB 模式，$t_p = 2 \times t_{PCLK}$（一个 t_{PCLK} 时间对应传输一个字节），因此传输一行数据的时间为 $T = 640 \times 2 t_{PCLK}$。当传输了 480 个 HREF 周期（$480 \times t_{LINE}$）后刚好完成一帧数据传输，再等 $8 t_{LINE}$ 时间后，场同步信号 VSYNC 由低电平变成高电平，一帧数据传输过程结束。因此可由 VSYNC 信号是否变成上升沿来判断一帧图像数据是否传输完成。

假如图像格式选择 RGB565，则图像数据读出的时序如图 4 –49 所示。

从图 4 –49 可看出，对于 RGB565 格式的图像，摄像头 OV7725 进行数据输出时，D2 ~ D9 数据线在像素同步时钟 PLCK 为上升沿阶段保持稳定，并在 PLCK 的驱动下发送一

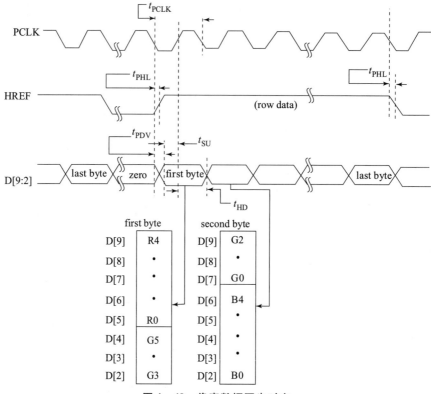

图 4 – 49   像素数据同步时序

个字节的有效数据，两个 PLCK 时钟可发送一个 RGB565 格式的像素数据，即图 4 – 49 中 first byte 和 second byte 组成一个 16 位 RGB565 数据。当行同步信号 HREF 为高电平时，像素数据依次传输。每传输完一行数据，行同步信号 HREF 会输出一个电平跳变信号间隔开当前行和下一行的数据。一帧图像由 N 行组成，当场同步信号 VSYNC 为低电平时，各行像素数据依次传递，传输完一帧后，VSYNC 输出信号为高电平，即电平产生跳变。

4. 芯片 AL422B 读写时序

摄像头 OV7725 的像素同步时钟信号 PCLK 最高可达 24 MHz，如果控制器的主频较低，如 STM32F1 系列单片机，比较难接收或存储图像传感器输出的信号，并且比较占用 CPU（当然可以通过降低 PCLK 输出频率，来实现 I/O 口抓取，但是不推荐）。

为了解决此问题，摄像头 OV7725 在图像传感器之外还增加了一个型号为 AL422B 的 FIFO 芯片，用于缓冲数据。有了这个芯片，我们就可以很方便地获取图像数据了，而不再需要单片机具有高速 I/O 口，也不会耗费多少 CPU。因此，STM32F1 系列单片机或更低级的控制器都可使用 OV7725 摄像头。

FIFO（First In First Out）是一种先进先出的数据缓存器，本质上还是 RAM。与普通存储器的区别是没有外部读/写地址线，这样使用起来非常简单；但缺点就是只能顺序写入数据，顺序读出数据，其数据地址由内部读写指针自动加 1 完成，不能像普通存储器那样可以由地址线决定读取或写入某个指定的地址。

AL422B 芯片的引脚图如图 4 – 50 所示。

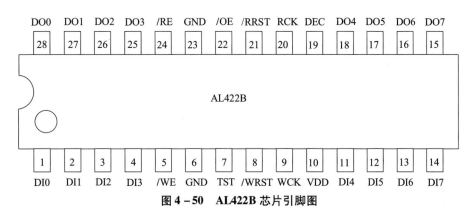

图 4 – 50　AL422B 芯片引脚图

AL422B 的存储容量为 393 216 bit（384 KB），8 位，读写周期 20 ns，引脚 28，5/3.3 V 电源供电。AL422B 各引脚的功能介绍如表 4 – 13 所示。

表 4 – 13　AL422B 引脚功能说明

引脚名称	引脚类型	说明
DI［0：7］	输入	数据输入引脚
WCK	输入	数据输入同步时钟
$\overline{\text{WE}}$	输入	写使能信号，低电平有效
$\overline{\text{WRST}}$	输入	写指针复位信号，低电平有效
DO［0：7］	输出	数据输出引脚
RCK	输入	数据输出同步时钟
$\overline{\text{RE}}$	输入	读使能信号，低电平有效
$\overline{\text{RRST}}$	输入	读指针复位信号，低电平有效
$\overline{\text{OE}}$	输入	数据输出使能信号，低电平有效
TST	输入	测试引脚，实际使用时设置为低电平

由于 AL422B 支持同时写入和读出数据，所以它的输入和输出控制信号线都是相互独立的，下面对读/写时序进行介绍。

1）写时序

AL422B 的写时序如图 4 – 51 所示。

在写时序中，当 $\overline{\text{WE}}$ 引脚为低电平时，AL422B 写入处于使能状态，随着读时钟 WCK 的持续产生，DI［0：7］表示的 8 位输入数据将会按地址递增的方式存入 AL422B；当 $\overline{\text{WE}}$ 引脚为高电平时，DI［0：7］的数据不会被写入 AL422B，即数据输入关闭。

在控制写入数据时，一般会先控制写指针做一个复位操作：首先把 $\overline{\text{WRST}}$ 设置为低电

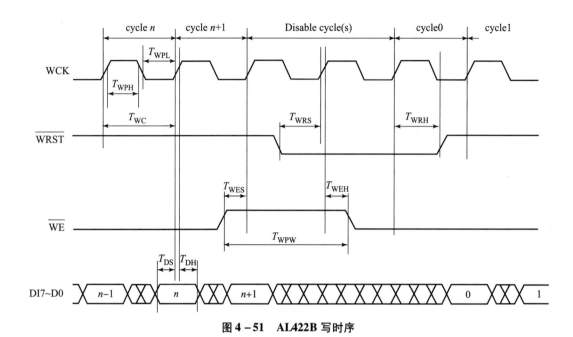

图 4 – 51   AL422B 写时序

平，写指针会复位到 AL422B 存储空间的 0 地址；然后 AL422B 接收到的数据会从该地址开始按递增的方式写入。

2）读时序

AL422B 的读时序如图 4 – 52 所示。

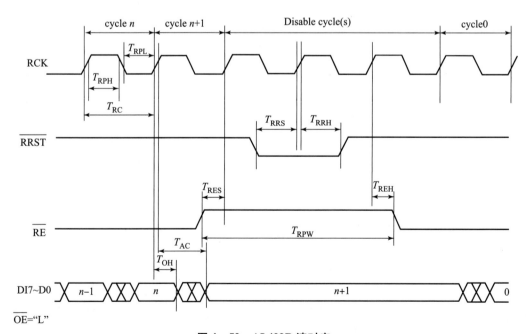

图 4 – 52   AL422B 读时序

　　AL422B 的读时序中读使能信号由两个引脚共同控制，即 $\overline{OE}$ 和 $\overline{RE}$ 引脚均为低电平时，输出处于使能状态，随着读时钟 RCK 的持续产生，在数据输出引脚 DO [0：7] 就会按地址递增的方式输出数据。

　　类似地，在控制读出数据时，一般首先控制读指针作一个复位操作：把 $\overline{RRST}$ 设置为低电平，读指针会复位到 AL422B 存储空间的 0 地址；然后 AL422B 中的数据从该地址开始按递增的方式输出。

5. 摄像头 OV7725 驱动原理

　　下面给出一种 OV7725 摄像头模块外部引脚，如图 4 - 53 所示。

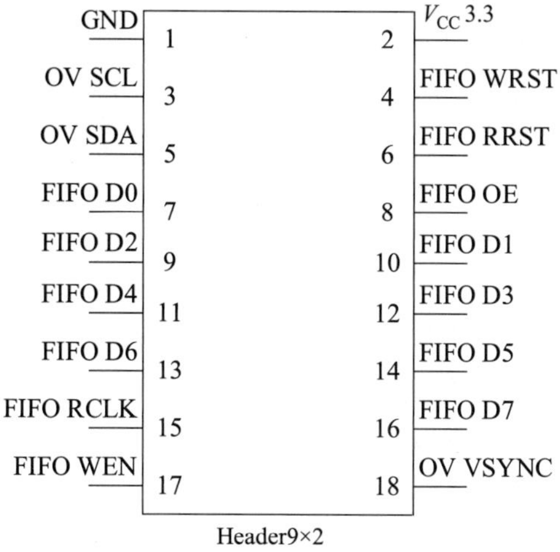

图 4 - 53　OV7725 摄像头模块与外部通信引脚图

　　这款 OV7725 摄像头模块自带了有源晶振，用于产生 12MHz 时钟作为 OV7725 传感器的 XCLK 输入；带有一个 FIFO 芯片（AL422B），该 FIFO 芯片的容量是 384 KB，足够存储 2 帧 QVGA 的图像数据。模块通过一个 2×9 的双排排针与外部通信，引脚描述如表 4 - 14 所示。

表 4 - 14　OV7725 摄像头模块与外部通信引脚功能说明

引脚名称	说明	引脚名称	说明
V_{CC}3.3	供电引脚，3.3 V 电源	FIFO WEN	FIFO 写使能
GND	模块接地引脚	FIFO WRST	FIFO 写指针复位
OV SCL	SCCB 总线的时钟线	FIFO RRST	FIFO 读指针复位
OV SDA	SCCB 总线的数据线	FIFO OE	FIFO 输出使能（片选）
FIFO D [0：7]	FIFO 输出数据引脚	OV_VSYNC	帧同步信号
FIFO RCLK	FIFO 数据输出同步时钟		

　　表 4 - 14 中，OV_SCL 和 OV_SDA 组成 SCCB，即串行摄像头控制总线，它的通信机制类似于 I^2C。OV_VSYNC 为摄像头的帧同步信号，该引脚产生信号时，意味着一帧数据

传输完成后，下一帧数据传输即将开始（这里，从 OV7725 传输至 FIFO）。FIFO_D[0:7]是 FIFO 的数据输出引脚，用于数据传输。当发生帧同步信号时，复位 FIFO_WRST 写指针信号，使能 FIFO_WEN 写使能信号，则 OV7725 开始往 FIFO 写数据，并置位帧中断标志位（该标志位在读数据完成后被清零），保证 FIFO 的数据被读取完成之前不会被覆盖。帧中断标志位有效时，首先复位 RIFO_RRST 读指针信号；然后在每个 FIFO_RCLK 读时钟信号，使用控制器如 STM32 去读取 FIFO_D[0:7] 的数据。FIFO_OE 片选信号在初始化之后就拉低，使此信号有效。

以下以使用 OV7725 摄像头模块为例，简要介绍图像存储和读取过程（QVGA 模式，RGB565 格式）。

1）图像数据存储过程

（1）等待 OV7725 帧同步信号；

（2）FIFO 写指针复位；

（3）FIFO 写使能；

（4）等待第二个 OV7725 帧同步信号；

（5）FIFO 写禁止。

通过以上 5 个步骤，我们就可以完成 1 帧图像数据在 AL422B 的存储。注意，FIFO 写禁止操作不是必需的，只有当你想将一帧图片数据存储在 FIFO，并在外部 MCU 读取完这帧图片数据之前不再采集新的图像数据的时候，才需要进行 FIFO 写禁止。

2）图像数据读取过程

（1）FIFO 读指针复位；

（2）给 FIFO 读时钟（FIFO_RCLK）；

（3）读取第一个像素的高 8 位（1B）；

（4）给 FIFO 读时钟；

（5）读取第一个像素的低 8 位（1B）；

（6）循环读取剩余全部图像像素。

从以上步骤可以看出，摄像头模块数据的读取比较简单，如 QVGA 模式，RGB565 格式，总共循环读取 $320 \times 240 \times 2$ 次，就可以将 1 帧图像数据读取出来，把这些数据写入显示模块，就可以看到摄像头捕捉到的画面了。

需要注意以下事项。

（1）与 OV7725 传感器像素输出相关的 PCLK 和 D[0:7] 并没有引出，因为这些引脚被连接到了 AL422B 的输入部分，具体连接原理图可参考说明书。OV7725 的像素输出时序与 AL422B 的写入数据时序是一致的，所以在 OV7725 时钟 PCLK 的驱动下，它输出的数据会一个字节一个字节地被 AL422B 接收并存储起来。

（2）FIFO WEN 引脚需要由外部控制器控制，它与 OV7725 的行同步信号 HREF 连接到一个与非门的输入，与非门的输出连接到 AL422B 的引脚 $\overline{\text{WE}}$。因此，当 FIFO WEN 与 HREF 均为高电平时，AL422B 的引脚 $\overline{\text{WE}}$ 为低电平，此时允许 OV7725 向 AL422B 写入数据。

（3）外部控制器通过控制 FIFO WEN 引脚，可防止 OV7725 覆盖了还未被控制器读出的 AL422B 中旧的数据。另外，在 OV7725 输出时序中，只有当 HREF 为高电平时，PCLK 驱动下 D[0:7] 线表示的才是有效像素数据，因此，利用 HREF 控制 AL422B 的 $\overline{\mathrm{WE}}$ 信号可以确保只有有效数据才被写入到 AL422B 中。

在使用本摄像头时，把 OV7725 摄像头模块配置为 QVGA 模式，RGB565 格式，那么 OV7725 输出一帧的图像大小为 $320 \times 240 \times 2 = 153\ 600$ B，而本摄像头采用的 FIFO 型号 AL422B 容量为 393216 B，因此最多可以缓存 2 帧这样的图像。通过这样的方式，控制器（如 STM32）无须直接处理 OV7725 高速输出的数据。

但是，把 OV7725 摄像头模块配置为 VGA 模式，RGB565 格式时，其一帧图像大小为 $640 \times 480 \times 2 = 614\ 400$ B，FIFO 的容量不足以直接存储一帧这样的图像。因此，当 OV7725 摄像头模块向 FIFO 写数据时，控制器端要同时读取数据，确保在 OV7725 覆盖旧数据之前，控制器端已经把这部分数据读取出来了。

以上介绍的是带 FIFO（AL422B）的 OV7725 摄像头模块，如果所使用的控制器的主频较低，可以选择带 FIFO 的 OV7725 摄像头模块。如果采用的控制器主频较高，则可以选择不带 FIFO 的 OV7725 摄像头模块。如果采用的控制器主频较高，想用更高分辨率的摄像头，可采用 OV5640 摄像头模块，使用介绍见附录 5。

附　录

附录1　误差分析与测量数据处理

在电子电路实验中，为了获取表征被研究对象特征的定量信息，必须准确地进行测量。被测量有一个真实值（简称真值），由理论给定或由计量标准规定。在测量过程中，由于受到测量仪器精度、测量方法、环境条件或测量者能力等因素的影响，测量结果和待测量的真值之间会存在一定差别，也就是测量误差。因此，对测量误差进行分析，掌握测量数据分析处理的方法，才能获得符合误差要求的实验测量结果。

1. 误差及测量误差分类

某一个物理量客观存在的值称为真值。由于测量仪器、测量条件、环境等诸多因素的影响使得测量值与真值之间总会存在一定的偏差，这种偏差称为误差。误差的表达式如下：

误差 = 测量值 − 真值

测量误差存在于一切的实验和测量之中，不能够完全消除，只能使测量误差尽可能减小。实际上，测量结果只是被测量数值的近似值。

对测量误差进行研究主要是分析误差产生的原因、性质和规律，从而选择合适的测量方法和设备，以减小误差对测量结果的影响。

测量误差按性质和特点主要可分为系统误差、随机误差和粗大误差三大类。

1）系统误差

在相同的测量条件下对同一个量进行多次测量，如果误差的数值保持恒定或按某种确定规律变化，则称这种误差为系统误差。系统误差一般可通过实验分析方法，在查明误差变化规律及产生原因后予以减小。电子技术实验中的系统误差通常是由于测量设备的使用和调整不当所导致。系统误差有规律可循，可归纳出相关的函数关系式。

系统误差的来源主要有仪器设备误差、理论（方法）误差、人员误差、环境（附加）误差等。其中理论（方法）误差是指作为测量依据的理论公式具有近似性，或实验条件不能达到理论公式的要求，或测量方法不合适所带来的误差。如伏安法测量电阻时未考虑测量设备内阻的影响。

按照对误差的掌握程度分类，系统误差可以分为已定系统误差（误差绝对值和符号已经确定的系统误差）和未定系统误差（误差绝对值和符号未确定的系统误差，通常可以估计出误差范围）。按照误差出现的规律分类，系统误差可以分为不变系统误差（误差绝对值和符号固定的系统误差）和变化系统误差（误差绝对值和符号变化的系统误差，如线性系统误差、周期性系统误差和复杂规律系统误差等）。

理论上测量误差不可避免，不能完全根本消除。只能全面地分析整个实验原理、测量方法、使用器件后，才能找出产生系统误差的各种原因，从而设法尽量减小。系统误差不服从统计规律，具有重现性，因此系统误差是可以修正的。常用方法主要有引入修正值，从而消除由于测量设备以及测量系统的不准确所引起的基本误差。即在测量前对所使用的设备及测量系统进行校验，得到的结果作为修正值对测量数据进行修正，这一过程也称为系统标定。由于修正值本身也具有一定的误差，因此用修正值消除系统误差，不可能将全部的系统误差修正掉，会残留少量的误差，对这些残留的误差应该按照随机误差进行处理。

2）随机误差

在相同的测量条件下对同一个量进行多次测量，得到一系列不同的测量值，每个测量值都含有误差，这些误差的出现没有确定的规律，即前一个误差出现后，不能预测下一个误差的大小和方向，这种误差为随机误差。理论和实践证明随机误差具有统计规律性，呈正态分布（高斯分布），并且具有以下规律。

（1）对称性：随机误差出现大小正负的概率相等，即绝对值相等的正误差与负误差出现的次数相等；

（2）单峰性：随机误差出现在该分布中心附近的概率大，并呈现一个峰值，即绝对值小的误差比绝对值大的误差出现的次数多；

（3）有界性：在一定的测量条件下，随机误差的绝对值不超过一定限度；

（4）抵偿性：随机误差的算术平均值随着测量次数的增加而减小，即误差平均值的极限为零。

算术平均值：测量时可以通过多次测量（如测量 5~10 次）取算术平均值来达到消除随机误差的目的，通常以全部测量值的平均值作为最后的测量结果。

标准差：由于随机误差的存在，在一个测量列中的测量值一般不同，它们围绕着该测量列的平均值的分散程度代表了单次测量值的不可靠性。一般用测量列中各测量值的标准差 σ 来衡量任一单次测得值相对于算术平均值的分散度，标准差 σ 越小，测量可靠性越高，测量精度就越高。

3）粗大误差

粗大误差是指在一定的测量条件下，测量值显著地偏离真值时的误差。这种误差是由于使用有问题的设备，电子线路接触不良，实验者对设备不了解，读数、记录错误等导致，表现为测量值大大偏离真值，严重歪曲测量结果。含有粗大误差的测量值称为坏值或异常值，可以由理论上估算和多次测量后比较，从而进行识别并剔除。

通常来说，粗大误差比较容易判断和剔除。在测量过程中系统误差和随机误差会同时存在，需要根据对测量结果的影响程度做出不同处理。

2. 误差表示方法

1）绝对误差

测量值 X 和真值 X_0 之差称为绝对误差，可用 ΔX 表示，即

$$\Delta X = X - X_0 \tag{1}$$

绝对误差具有大小、正负、单位之分。在实际测量中，将绝对误差的相反值称为修正值，可以用 g 表示，即

$$g = -\Delta X = X_0 - X \tag{2}$$

由此可得实际值的表达式

$$X_0 = X + g \tag{3}$$

修正值可由系统标定或经验公式得出。

2）相对误差

绝对误差 ΔX 与真值 X_0 的比值 γ 称为相对误差，常用百分数表示：

$$\gamma = \frac{\Delta X}{X_0} \times 100\% \tag{4}$$

相对误差是一个无量纲的比值，有大小和符号，能反映误差的相对大小和方向，能确切地反映出测量的准确程度。一般测量中的误差都用相对误差表示。

3）容许误差（又称引用误差）

一般测量仪器的准确度常用容许误差表示。它是根据技术条件的要求规定某一类仪器的误差不应超过的最大范围。通常仪器（包括量具）技术说明书所标明的误差，都是指容许误差。容许误差的定义为绝对误差 ΔX 与测量仪器仪表满刻度 X_{max} 的百分比，即

$$\gamma_n = \frac{\Delta X}{X_{max}} \times 100\% \tag{5}$$

例如，测量范围 $0 \sim 250V$ 的电压表，在 10V 时的绝对误差 $\Delta U = 1.8V$，则相对误差和容许误差分别为

$$\gamma = \frac{\Delta U}{U} \times 100\% = \frac{1.8}{10} \times 100\% = 18\%$$

$$\gamma_n = \frac{\Delta U}{U_{max}} \times 100\% = \frac{1.8}{250} \times 100\% = 0.72\%$$

附录2　LCD 1602 的使用方法

LCD 1602 液晶显示器是广泛使用的一种字符型液晶显示模块，1602 是指显示的内容为 16×2，即可以显示两行，每行 16 个字符。它是由字符型 LCD、控制驱动主电路 HD44780 及其扩展驱动电路 HD44100，以及少量电阻、电容元件和结构件等装配在 PCB 板上而组成。不同厂家生产的 LCD 1602 芯片可能有所不同，但使用方法都是一样的。

LCD 1602 液晶显示器工作电压 $4.5 \sim 5.5$ V，典型 5 V，工作电流 2 mA。分为标准的 14 引脚（无背光）或 16 引脚（有背光），16 引脚的外形及引脚分布如附图 1 所示。

LCD 1602 引脚主要包括 8 条数据线、3 条控制线和 3 条电源线，如附表 1 所示。通过单片机（或其他智能芯片）向模块写入命令和数据，就可对显示方式和显示内容做出选择。

V_{SS}	V_{DD}	V_{EE}	RS	R/WE	D0	D1	D2	D3	D4	D5	D6	D7	BLA	BLK
1	2	3	4	5	6	7	8	9	10	11	12	13	14	15	16

（a）　　　　　　　　　　　　　　　　　（b）

附图 1　LCD 1602 的外形及引脚

（a）LCD 1602 的外形；（b）LCD 1602 的引脚

附表 1　LCD1602 的引脚功能

引脚号	引脚名称	引脚功能
1	V_{SS}	电源地
2	V_{DD}	5 V 逻辑电源
3	V_{EE}	液晶显示偏压（调节显示对比度）
4	RS	寄存器选择（1—数据寄存器；0—命令/状态寄存器）
5	R/$\overline{W}$	读/写操作选择（1—读；0—写）
6	E	使能信号
7 ~ 14	D0 ~ D7	数据总线，可与单片机的数据总线相连，三态
15	BLA	背光板电源，通常为 5 V，串联一个可变电阻器，调节背光亮度；如接地，则无背光不易发热
16	BLK	背光板电源地

1. LCD 1602 的读/写操作规定

LCD 1602 内部有两个寄存器，一个是指令寄存器 IR，用于存放由微控制器送来的指令代码，如清除显示、光标归位等；另一个是数据寄存器 DR，用于存放要显示的数据。

显示的过程是先把要显示数据的地址位置写入指令寄存器 IR，然后再把要显示的数据写入数据寄存器 DR，DR 会自动把数据送至相应的 DDRAM 或 CGRAM（DDRAM 是显示数据的存储器，用于存放 LCD 的显示数据；CGRAM 是字符产生器，用来存放设计的 5×7 点图形的显示数据）。

LCD 1602 的读/写操作规定如附表 2 所示。

附表 2　LCD1602 的读/写操作规定

微控制器发给 LCD 1602 的控制信号				功能说明	LCD 1602 的输出
RS	R/$\overline{W}$	E	D0 ~ D7		
0	1	1	×	读状态	D0 ~ D7 = 状态字
0	0	正脉冲	命令	写命令	无
1	1	1	×	读数据	D0 ~ D7 = 数据
1	0	正脉冲	数据	写数据	无

单片机与 LCD1602 的连接如附图 2 所示。

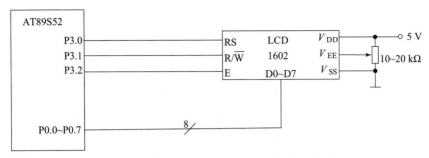

附图 2　单片机与 LCD 1602 接口电路示意图

由附图 2 可看出，LCD 1602 的 RS、R/$\overline{\text{W}}$ 和 E 这三个引脚分别接单片机的引脚 P3.0、P3.1 和 P3.2，只需通过对这三个引脚置"1"或清"0"，就可实现对 LCD 1602 的读写操作。具体来说，显示一个字符的操作过程为"读状态→写命令→写数据→自动显示"。

2. LCD 1602 的命令字

显示字符首先要解决要显示字符的 ASCII 码产生。用户只需在程序中（汇编或 C51）写入要显示的字符常量或字符串常量，程序在编译后会自动生成对应的 ASCII 码；然后将生成的 ASCII 码送入显示用数据存储器 DDRAM，内部控制电路就会自动将该 ASCII 码对应的字符在 LCD 1602 显示出来。

要让液晶显示器显示字符，首先需要对其控制器进行初始化设置，还需对有、无光标，光标移动方向，光标是否闪烁及字符移动方向等，才能获得所需显示效果。

对 LCD 1602 的初始化、读、写、光标设置、显示数据的指针设置等，都是通过微控制器向 LCD 1602 写入命令字来实现。LCD 1602 的命令字如附表 3 所示。

附表 3　LCD 1602 的命令字

编号	命令	RS	R/$\overline{\text{W}}$	D7	D6	D5	D4	D3	D2	D1	D0
1	清屏	0	0	0	0	0	0	0	0	0	1
		光标返回地址 00H 位置（显示屏左上角）									
2	光标返回	0	0	0	0	0	0	0	0	1	×
		光标返回地址 00H 位置（显示屏左上角）									
3	光标和显示模式设置	0	0	0	0	0	0	0	1	I/D	S
		光标和显示模式设置。I/D=1，读或写一个字符后地址指针加 1；I/D=0，读或写一个字符后地址指针减 1。S=1，当写入一个字符时，整屏显示左移（I/D=1）或右移（I/D=0）；S=0，整屏显示不移动									
4	显示开/关及光标设置	0	0	0	0	0	0	1	D	C	B
		D=0，屏幕关闭显示；D=1 开显示。C=0，无光标；C=1，有光标。B=0，光标不闪烁；B=1 光标闪烁									

续表

编号	命令	RS	R/$\overline{\text{W}}$	D7	D6	D5	D4	D3	D2	D1	D0
5	光标或字符移位	0	0	0	0	0	1	S/C	R/L	×	×
		S/C = 1，移动显示的字符；S/C = 0，移动光标。R/L = 1，右移；R/L = 0，左移									
6	功能设置	0	0	0	0	1	DL	N	F	×	×
		DL = 1，8 位数据接口；DL = 0，4 位数据接口。N = 1，双行显示；N = 0，单行显示。F = 1，显示 5×10 点阵字符；F = 0，显示 5×7 点阵字符									
7	CG RAM 地址设置	0	0	0	1	字符发生存储器地址					
8	DD RAM 地址设置	0	0	1	显示数据 RAM 地址						
		显示数据 RAM 地址设置。LCD 内部有一个数据地址指针，用户可通过它访问内部全部 80 字节的数据显示 RAM。命令 8 的格式：80H + 地址码。其中，80H 为命令码，地址码决定字符在 LCD 上的显示位置									
9	读忙标志或地址	0	1	BF	计数器地址						
		BF = 1，LCD 忙，不能接收命令或数据；BF = 1，LCD 不忙									
10	写数据	1	0	要写的数据							
		写数据									
11	读数据	1	1	读出的数据							
		读数据									

3. LCD 1602 字符显示位置

LCD 1602 内部有 80B 的显示数据 RAM（DDRAM），与显示屏上字符显示位置一一对应，如附图 3 所示。

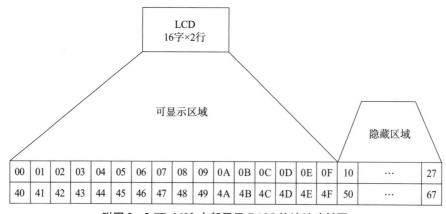

附图 3　LCD 1602 内部显示 RAM 的地址映射图

当向 DDRAM 的 00H ~ 0FH（第一行）、40H ~ 4FH（第二行）地址的任意处写数据时，LCD 立即显示出来，该区域也称为可显示区域。而当写入 10H ~ 27H 或 50H ~ 67H 地址处时，字符不会显示出来，该区域也称为隐藏区域。如果要显示写入到隐藏区域的字符，需要通过字符移位命令（命令 5）将它们移入可显示区域方可正常显示。

需说明的是，在向 DDRAM 写入字符时，首先要设置 DDRAM 地址（也称为定位数据指针），即显示位置，此操作可通过命令 8 完成。例如，要写字符到 DDRAM 的 40H 处，则命令 8 为 80H + 40H = C0H，其中 80H 为命令代码，40H 是要写入字符处的地址。

LCD 1602 内有字符库 ROM（CGROM），能显示出 192 个字符（5 × 7 点阵）。字符库显示的数字和字母代码，恰好是 ASCII 码表中编码。LCD 1602 显示字符时，只需将待显示字符的 ASCII 码写入显示数据存储器（DDRAM），内部控制电路就可将字符在显示器上显示出来。例如，显示字符"A"，单片机只需将字符"A"的 ASCII 码 41H 写入 DDRAM，控制电路就会将对应的字符库 ROM（CGROM）中的字符"A"的点阵数据找出来显示在 LCD 上。

4. LCD 1602 的复位与初始化设置

LCD 1602 上电后复位状态如下：

（1）清除屏幕显示；

（2）设置为 8 位数据长度，单行显示，5 × 7 点阵字符；

（3）显示屏、光标、闪烁功能均关闭；

（4）输入方式为整屏显示不移动，I/D = 1。

设计者对 LCD 1602 的一般初始化设置如下：

（1）写入命令 01H（命令 1），显示清屏，数据指针清 0；

（2）写入命令 38H（命令 6），显示模式设置（双行显示，5 × 7 点阵，8 位数据接口）；

（3）写入命令 0CH（命令 4），设置开显示，不显示光标；

（4）写入命令 06H（命令 3），写一个字符后地址指针加 1。

LCD 1602 为慢显示器件，在进行上述的命令写入及读取数据前，通常要查询忙标志位 BF，即 LCD 1602 是否处于"忙"状态。如 LCD 正忙于处理其他命令，就等待；如不忙，则向 LCD 写入命令或读取数据。标志位 BF 连接在 8 位双向数据线的 D7 位上。如果 BF = 0，表示 LCD 不忙；如果 BF = 1，表示 LCD 处于忙状态，需要等待。

例如，用单片机驱动字符型液晶显示器 LCD 1602，使其显示两行文字："Welcome"与"Hello"，如附图 4 所示。

程序代码如下：

```
#include < reg52. h >
#include < intrins. h >
typedef unsigned char uint8;
sbit RS = P3^0;
sbit RW = P3^1;
```

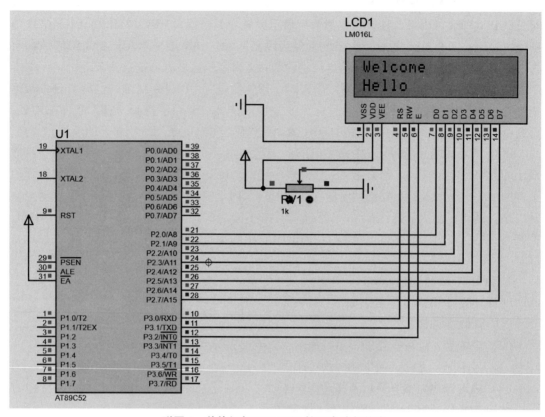

附图 4　单片机与 LCD1602 接口电路与仿真

```
sbit EN = P3^2;
sbit STA7 = P2^7;
unsigned char code word1[] = {"Welcome"};     //写入第一行的字符
unsigned char code word2[] = {"Hello"};       //写入第二行的字符
void wait(void)                               //检测忙闲
{
  P2 = 0xFF;
  do
  {
      RS = 0;
      RW = 1;
      EN = 0;
      EN = 1;
  }while( STA7 == 1);
  EN = 0;
```

```
}
void w_dat(uint8 dat)                              //写数据
{
    wait();
    EN=0;
    P2=dat;
    RS=1;
    RW=0;
    EN=1;
    EN=0;
}
void w_cmd(uint8 cmd)                              //写命令
{
    wait();
    EN=0;
    P2=cmd;
    RS=0;
    RW=0;
    EN=1;
    EN=0;
}
void w_string(uint8 addr_start,uint8 * p)   //发送字符串到 LCD
{
    w_cmd(addr_start);
    while(* p ! ='\0')
    {
    w_dat(* p++);
    }
}
  void Init_LCD1602(void)                          //初始化 LCD1602
{
  w_cmd(0x38);                        //双行显示,5×7 点阵,8 位接口
  w_cmd(0x0C);                        //设置开显示,不显示光标
  w_cmd(0x06);                        //写一个字符后地址指针加 1
  w_cmd(0x01);                        //显示清屏,数据指针清 0
}
```

```
main()                        //主程序
{
  Init_LCD1602();
  w_string(0x80,word1);
  w_string(0xC0,word2);
  while(1);
}
```

附录3   AD9850 并行工作控制字写入方法

程序代码如下:

```
# include < reg52. h >
# include < stdio. h >
# include < intrins. h >
sbit ad9850_w_clk        = P2^2;   //P2.2 口接 ad9850 的 w_clk 引脚/PIN7
sbit ad9850_fq_up        = P2^1;   //P2.1 口接 ad9850 的 fq_up 引脚/PIN8
sbit ad9850_rest         = P2^0;   //P2.0 口接 ad9850 的 rest 引脚/PIN12
sbit ad9850_bit_data     = P1^7;   //P1.7 口接 ad9850 的 D7 引脚/PIN25
//P1 为 8 位数据口
//ad9850 复位(并口模式)
void ad9850_reset()
{
ad9850_w_clk =0;
ad9850_fq_up =0;
//rest 信号
ad9850_rest =0;
ad9850_rest =1;
ad9850_rest =0;
}
void ad9850_wr_parrel(unsigned char w0,double frequence)
{
unsigned char w;
long int y;
double x;
//计算频率的 HEX 值
```

```
x =4294967295/125;//适合125 M 晶振
//如果时钟频率不为125 MHz,修改该处的频率值,单位MHz !!!
frequence = frequence/1 000 000;
frequence = frequence* x;
y = frequence;
//写 w0 数据
w = w0;
P1 = w;          //w0
ad9850_w_clk =1;
ad9850_w_clk =0;
//写 w1 数据
w = (y > >24);
P1 = w;          //w1
ad9850_w_clk =1;
ad9850_w_clk =0;
//写 w2 数据
w = (y > >16);
P1 = w;          //w2
ad9850_w_clk =1;
ad9850_w_clk =0;
//写 w3 数据
w = (y > >8);
P1 = w;          //w3
ad9850_w_clk =1;
ad9850_w_clk =0;
//写 w4 数据
w = (y > > =0);
P1 = w;          //w4
ad9850_w_clk =1;
ad9850_w_clk =0;
//移入始能
ad9850_fq_up =1;
ad9850_fq_up =0;
}
```

```
//*********************************************//
//                测试程序 1 000 Hz              //
//*********************************************//
main()
{
P0 = 0x00;
P1 = 0x00;
P2 = 0x00;
P3 = 0x00;
//并行写 1 000 Hz 程序
ad9850_reset();
ad9850_wr_parrel(0x00,1000);
while(1)
{
}
}
```

附录4　HC-05 蓝牙模块的使用方法

HC-05 是主从一体的蓝牙串口通信模块,默认为从机。当蓝牙设备之间配对连接成功后,我们可以忽视蓝牙内部的通信协议,直接将蓝牙当作串口用。HC-05 模块可以在主模式和从模式下运行,并且可以用于各种应用,如智能家居、远程控制、数据记录、机器人、监控系统等。

HC-05 蓝牙模块的特点如下:

(1) 采用蓝牙 V2.0 协议标准;

(2) 输入电压:3.6~6 V;

(3) 传输 TTL 电平,可兼容 5 V 或 3.3 V 单片机系统;

(4) 波特率支持 4 800~1 382 400 bit/s,可设置;

(5) HC-05 蓝牙模块具有两种工作模式:命令响应工作模式和自动连接工作模式,在自动连接工作模式下模块又可分为主(Master)、从(Slave)和回环(Loopback)三种工作方式。当模块处于自动连接工作模式时,将自动根据事先设定的方式进行数据传输;当模块处于命令响应工作模式时,能执行所有 AT(Attention)命令,用户可向模块发送各种 AT 指令,为模块设定控制参数或发布控制命令。

HC-05 蓝牙模块的外观如附图 5 所示。

由附图 5 可见,HC-05 蓝牙模块有 6 个引脚,从左到右各引脚的详细描述如附表 4 所示。

附图 5　HC－05 蓝牙模块外观图

附表 4　HC－05 蓝牙模块各引脚功能描述表

序号	名称	说明
1	V_{CC}	电源
2	GND	地
3	TXD	模块串口发送引脚（TTL 电平），可接单片机的 RXD
4	RXD	模块串口接收引脚（TTL 电平），可接单片机的 TXD
5	KEY	用于进入 AT 状态；高电平有效（悬空默认为低电平）
6	LED	配对状态输出；配对成功输出高电平，未配对则输出低电平

另外，模块自带了一个状态指示灯，标号 STA。该灯有三种状态。

（1）在模块上电的同时（也可以是之前），将 KEY 设置为高电平（接 V_{CC}），此时 STA 慢闪（1 s 亮 1 次），模块进入 AT 状态，且此时波特率固定为 38400。

（2）在模块上电的时候，将 KEY 悬空或接 GND，此时 STA 快闪（1 s 亮 2 次），表示模块进入可配对状态。如果此时将 KEY 再拉高，模块也会进入 AT 状态，但是 STA 依旧保持快闪。

（3）模块配对成功，此时 STA 双闪（一次闪两下，2 s 闪一次）。

有了 STA 指示灯，我们就可以很方便地判断模块的当前状态。

1. 命令响应工作模式下的 HC－05 蓝牙模块调试

使用 USB 转 TTL 模块一个，首先与 HC－05 蓝牙模块相连（附图 6）；然后 USB 转 TTL 模块连接到电脑的 USB 口上。给 HC－05 蓝牙模块的引脚 KEY 加高电平，则进入命令响应工作模式。

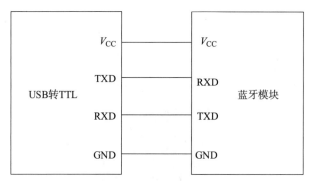

附图6　USB 转 TTL 模块与 HC–05 的连接

连接好蓝牙模块后，打开串口调试助手软件（软件可自选），如附图7所示。进入 AT 模式后，STA 灯慢闪。此时选择串口号（图示为 COM6），设置波特率 38 400 b/s。单击打开串口，在发送缓冲区内发送 AT\r\n（\r\n 代表回车与换行，每条指令后均需加上 \r\n），如果连接成功，则在接收缓冲区出现"OK"字样，如附图8所示。如果不成功，会出现相应错误信息，可以从 HC–05 指令集查到具体错误类型。

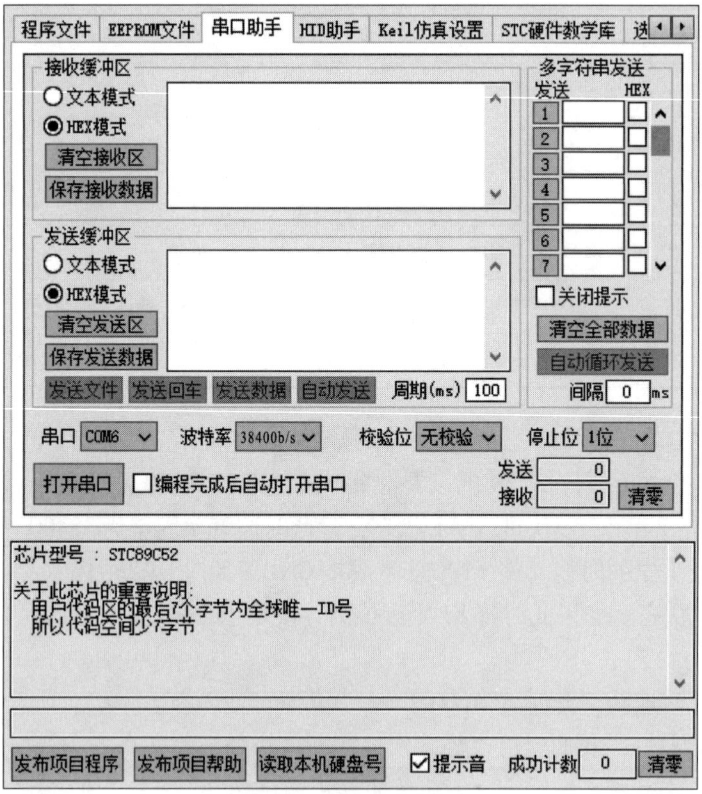

附图7　串口助手界面

例如，查询蓝牙模块的名字，可以在发送缓冲区写入 AT + name?\r\n，则在接收缓冲器内出现蓝牙模块名字为 HC–05，如附图9所示。

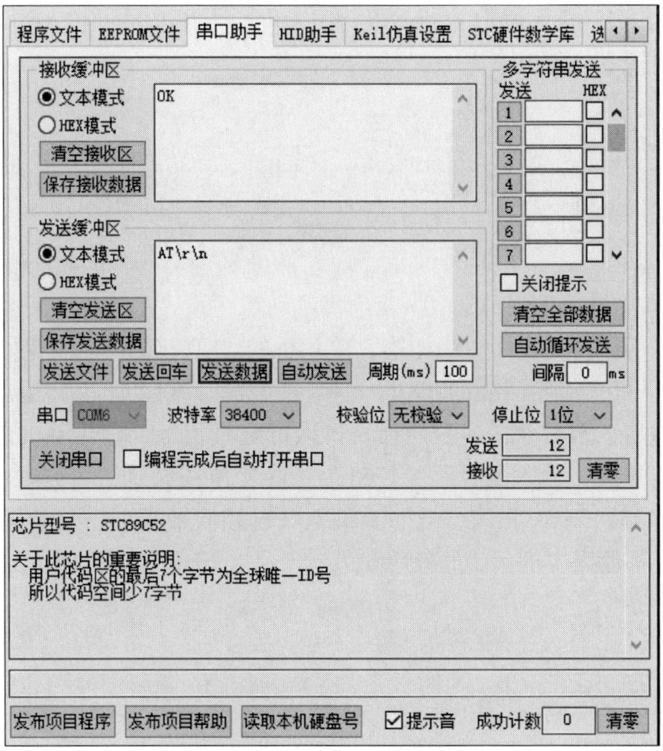

附图 8　蓝牙串口调试

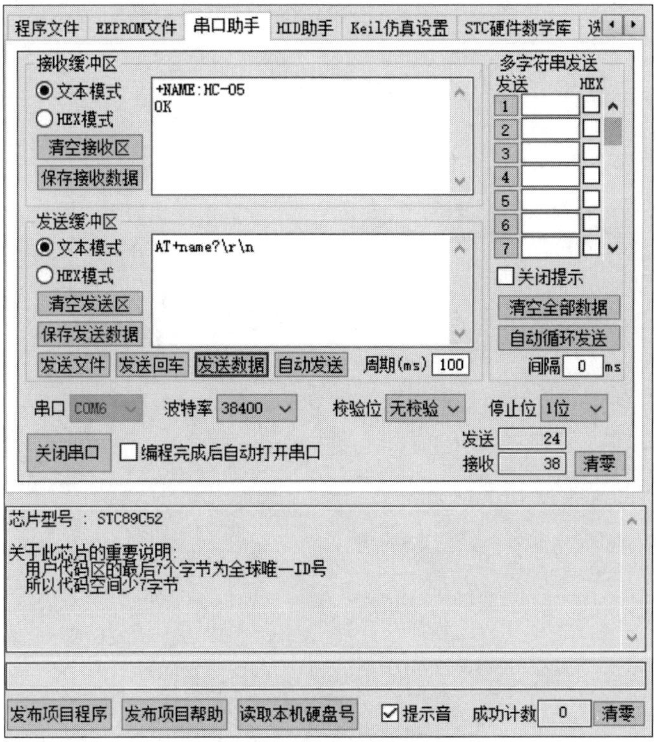

附图 9　蓝牙模块名字查询

当然也可以对名字进行修改，指令为 AT + name = Bluetooth \r\n，即可把名字改为"Bluetooth"。其他指令，可以参考 HC – 05 指令集。

> AT + UART? \r\n   查询串口参数
>
> AT + UART = <param>,<param2>,<param3>,\r\n   设置串口波特率。
>
> （如 AT + UART = 115 200,1,0,\r\n 为设置波特率 115 200 b/s,1 位停止位,0 位校验位）。

2. 自动连接工作模式下的 HC – 05 蓝牙模块调试

使用单片机与 HC – 05 蓝牙模块相连，单片机的 TXD 接 HC – 05 蓝牙模块的 RXD，单片机的 RXD 接 HC – 05 蓝牙模块的 TXD，电源接电源，地接地，下载蓝牙串口调试手机 APP 并安装。通电后，STA 快闪，表示模块进入可配对状态。打开手机蓝牙串口 App，找到蓝牙模块并进行连接，输入配对码"1234"（蓝牙模块默认，可修改，具体见 HC – 05 指令集），连接成功后，STA 慢闪，此时手机上可以接收数据。下面给出一个手机通过蓝牙模块 HC – 05 接收数据实例，C51 程序如下：

```c
#include <reg52.h>
#include <stdio.h>
unsigned char code MESSAGE[] = "Hello World!\r\n";
unsigned char a;
void delay(unsigned int i)
{
    unsigned char j;
    for(i;i>0;i--)
        for(j=200;j>0;j--);
}
void main(void)
{
    SCON = 0x50;//设置串行口工作方式1,可接收
    TMOD = 0x20;                 //定时器1设置工作方式2
    TH1 = 0xFD;                  //设置波特率为9 600 b/s,晶振频率11.059 2 MHz
    TL1 = 0xFD;
    TR1 = 1;//启动定时器1
    while(1)
    {
        a = 0;
        while(MESSAGE[a]! = '\0')
        {
            SBUF = MESSAGE[a];    //将一个字符放入串行数据缓冲器SBUF
```

```
        while(! TI);            //等待发送中断标志为1
        TI =0;                  //清除发送中断标志
        a ++;                   //准备下一个字符
    }
    delay(500);                 //延时
  }
}
```

将以上 C51 程序编译连接生成 . HEX 文件，下载到单片机内，打开手机蓝牙 App，即可接收到一系列 Hello World!。

附录 5　OV5640 摄像头模块简介

OV5640 摄像头模块采用 OV5640 CMOS 型数字图像传感器，与 OV7725 数字图像传感器一样，也是 OV（OmniVision）公司生产。OV5640 数字图像传感器大小为 1/4 英寸，最大分辨率为 2 592 ×1 944，约 500 W 像素。其集成了自动对焦（AF）等功能，性价比较高。

OV5640 图像传感器体积小、工作电压低，通过 SCCB 总线控制，可以输出整帧、子采样、缩放和取窗口等方式的各种分辨率 8 位影像数据。该传感器采集速度适中，如 1080P 图像采集速度可达 30 帧，720P 图像采集速度可达 60 帧，QVGA 图像采集速度可达 120 帧。用户可以完全控制图像质量、数据格式和传输方式。所有图像处理包括伽玛曲线、白平衡、对比度、色度等都可以通过 SCCB 接口编程。图像传感器可通过减少或消除光学或电子缺陷如固定图案噪声、拖尾、浮散等来提高图像质量，从而得到清晰稳定的彩色图像。

OV5640 摄像头模块的主要特点如下。

（1）采用 $1.4\ \mu m \times 1.4\ \mu m$ 像素大小，并且使用 OmniBSI 技术以达到更高性能（高灵敏度、低串扰和低噪声）；

（2）自动图像控制功能：自动曝光（AEC）、自动白平衡（AWB）、自动消除灯光条纹、自动黑电平校准（ABLC）和自动带通滤波器（ABF）等；

（3）支持图像质量控制：色饱和度调节、色调调节、Gamma 校准、锐度和镜头校准等；

（4）标准的 SCCB 接口，兼容 I^2C 接口；

（5）支持 RawRGB、RGB（RGB565/RGB555/RGB444）、CCIR656、YUV（422/420）、YCbCr（422）和压缩图像（JPEG）输出格式；

（6）支持 QSXGA（500W）图像尺寸输出，以及按比例缩小到其他任何尺寸；

（7）支持闪光灯、支持自动对焦，自带嵌入式微处理器；

（8）支持图像缩放、平移和窗口设置；

（9）支持图像压缩，即可输出 JPEG 图像数据；

（10）支持数字视频接口（DVP）和 MIPI 接口。

OV5640 摄像头模块各项参数如附表 5 ~ 附表 7 所示。

附表 5　　OV5640 摄像头模块基本参数特征

参数	说　明
接口类型	数据接口：8 位数据　控制接口：SCCB（类 I^2C）
输出格式	RawRGB、RGB（RGB565/RGB555/RGB444）、CCIR656、YUV（422/420）、YCbCr（422）、JPEG
输出位宽	8 位
输出像素	QSSXGA（2 592×1 944）及以下 40×30 的任意尺寸
最大帧率	QSSXGA（2 592×1 944）：15 f/s 1080P（1 920×1 080）：30 f/s 720P（1 280×720）：60 f/s
传感器尺寸	1/4 英寸
灵敏度	600 mV/lux − sec
信噪比	36 dB
动态范围	68 dB
镜头光圈	F2.8
镜头视角	70°
镜头焦距	3.34 mm
工作温度	− 30 ~ 70 ℃
模块尺寸	24 mm×32 mm

附表 6　　OV5640 摄像头模块功能特性

功能	说　明
自动对焦	支持单次自动对焦和持续自动对焦
闪光灯控制	支持闪光灯（两个 1 W 的 LED），可程序控制
输出窗口设置	支持输出窗口设置，可以匹配任意分辨率的液晶
缩放控制	支持缩放控制

附表 7　　OV5640 摄像头模块电气特性

参数	说　明
电源电压	3.3 V
I/O 口电平	2.8 V LVTTL，可兼容 3.3 V
功耗	56mA

注：模块 I/O 口电压是 2.8 V，不过对于 3.3 V 系统，是可以直接兼容的。所以 3.3 V 的 MCU 无须任何处理，直接连接模块即可。如果是 5 V 的 MCU，建议在信号线上串接 1 kΩ 左右电阻，做限流处理。

OV5640 摄像头模块的外观如附图 10 所示。

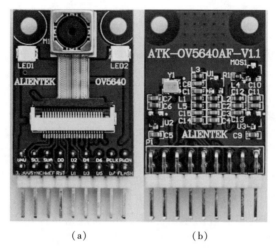

（a）　　　　　　　　（b）

附图 10　OV5640 摄像头模块的外观

OV5640 摄像头模块自带了有源晶振，用于产生 24 MHz 时钟作为 OV5640 的 XCLK 输入，模块的闪光灯（LED1&LED2）由 OV5640 的 STROBE 脚控制（可编程控制）。同时自带了稳压芯片，用于提供 OV5640 稳定的 2.8 V 和 1.5 V 工作电压，模块通过一个 2×9 的双排排针（P1）与外部通信，与外部的通信信号引脚如附图 11 所示，引脚说明如附表 8 所示。

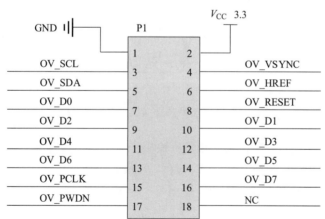

附图 11　OV5640 摄像头模块与外部通信引脚图

附表 8　OV5640 摄像头模块与外部通信引脚功能说明

引脚名称	说明	引脚名称	说明
$V_{CC}3.3$	供电引脚，接 3.3 V 电源	OV PLCK	像素时钟输出
GND	模块接地引脚	OV PWDN	掉电使能（高电平有效）

引脚名称	说明	引脚名称	说明
OV SCL	SCCB 总线的时钟线	OV VSYNC	帧同步信号输出
OV SDA	SCCB 总线的数据线	OV HREF	行同步信号输出
OV D [0：7]	8 位数据输出	OV RESET	复位信号（低电平有效）

OV5640 摄像头模块的所有配置都是通过 SCCB 总线来进行的。如图像的分辨率参数可以选择和设置，QSXGA，这里是指分辨率为 2 592 × 1944 的输出格式，类似的还有 QXGA（2 048 × 1 536）、UXGA（1 600 × 1 200）、SXGA（1 280 × 1 024）、WXGA +（1 440 × 900）、WXGA（1280 × 800）、XGA（1024 × 768）、SVGA（800 × 600）、VGA（640 × 480）、QVGA（320 × 240）和 QQVGA（160 × 120）等。

OV5640 摄像头模块的图像数据输出行时序和帧时序如附图 12 和附图 13 所示。

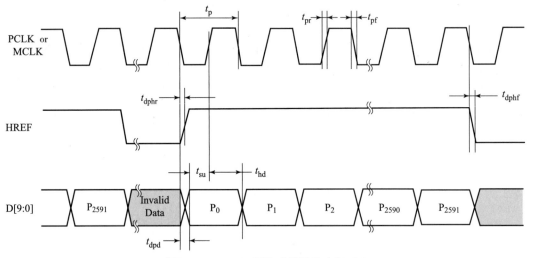

附图 12　OV5640 摄像头模块输出行时序

附图 12 所示为 OV5640 摄像头图像数据输出行时序，可以看出，图像数据在 HREF 为高电平时输出。当 HREF 变为高电平后，每一个 PCLK 时钟输出一个 8 位或 10 位数据。如果采用 8 位接口，每个 PCLK 时钟则输出一个字节数据。如果是 RGB/YUV 输出格式，$t_p = 2\,T_{pclk}$；如果是 Raw 格式，$t_p = T_{pclk}$。

假设采用 QSXGA 分辨率，RGB565 格式输出，那么每两个字节组成一个像素的颜色数据（低字节在前，高字节在后），这样每行输出总共有 2 592 × 2 个 PCLK 周期，输出 2 592 × 2 B 的数据。

附图 13 所示为 OV5640 摄像头图像数据输出帧时序（QSXGA）。数据开始传输时，场同步信号 VSYNC 为低电平，传输完成后，场同步信号 VSYNC 由低电平变成高电平，一帧数据传输过程结束。因此，也可由 VSYNC 信号是否变成上升沿来判断一帧图像数据传输是否完成。

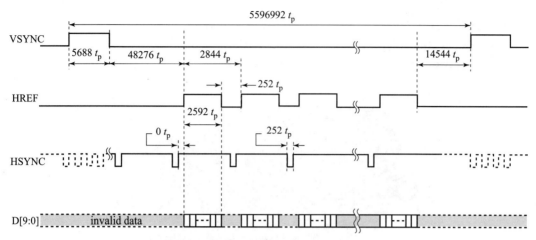

附图 13　OV5640 摄像头模块输出帧时序

其他详细摄像头及功能说明参见 OV5640 技术手册。

附录6　NodeMCU 开发板简介

NodeMCU 是一个开源软件和硬件开发环境，它围绕一个单芯片系统 ESP8266 而构建，旨在简化 ESP8266 开发。它支持 WiFi 功能且使用方法和 Arduino 开发板类似，由于体积小，扩展性强，它在物联网应用领域迸发出了强大的能量。简单来说，NodeMCU 是搭载 WiFi 芯片的，而这个 WiFi 芯片的型号就是 ESP8266。NodeMCU 开发板如附图 14 所示。

（a）　　　　　　　　　　　　　　　　　　　　　（b）

附图 14　NodeMCU 开发板

NodeMCU 有两个重要组件。

（1）一个构建于 ESP8266 专用 SDK 之上的开源 ESP8266 固件。该固件提供了一个基于 eLua（嵌入式 Lua）的简单编程环境，可以让开发者以类似于 Arduino 的方式与底层硬件打交道，使软件开发人员轻松操作硬件设备。对于新手，Lua 脚本语言很容易学习。

（2）一个 DEVKIT 开发板，它在标准印制电路板上嵌入了 ESP8266 芯片。该开发板有一个已与此芯片连接的内置 USB 端口、一个硬件重置按钮、WiFi 天线、LED 灯，以及可插入电路试验板中的标准尺寸 GPIO（通用输入/输出）引脚。

一种 NodeMCU 开发板的实物外观如附图 15 所示。

附图 15　NodeMCU 开发板的实物外观

从附图 15 可以看出，NodeMCU 开发板共 30 个引脚，如附图 16 所示。

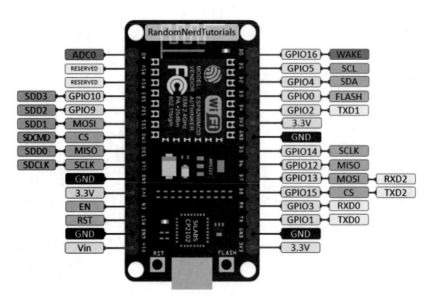

附图 16　NodeMCU 开发板引脚图

在附图 16 中，GPIO 编号指的是开发板上 ESP8266 芯片的引脚编号，以"GPIO + 数字"这一格式来表示。开发板上印制的文字指的是 NodeMCU 开发板的引脚名指，如 D0、D1、A0 等。ESP8266 芯片的 GPIO 与开发板的引脚是连在一起的，有 GPIO 这几个字母，就说明是 ESP8266 芯片引脚，而没有 GPIO 这几个字母，那是指开发板引脚。

在编写 NodeMCU 开发板的控制程序时，经常会进行引脚操作，如以下程序语句：

$$digitalWrite(4,HIGH)$$

此语句通过 digitalWrite 函数将引脚 4 设置为高电平，引脚 4 指的是 ESP8266 芯片的引脚 GPIO4，而不是开发板的引脚 D4。ESP8266 芯片的 GPIO4 与开发板的引脚 D2 是连在一起的，因此以上语句也是将 NodeMCU 开发板的引脚 D2 设置为高电平。

ESP8266 芯片有 17 个引脚 GPIO（GPIO0 ~ GPIO16）。这些引脚中的 GPIO6 ~ GPIO11 用于连接开发板的闪存（Flash Memory），因此在实验中一般不使用 GPIO6 ~ GPIO11。

需要注意的是，NodeMCU 开发板引脚的输入/输出电压限制为 3.3 V，如果向引脚施加 3.6 V 以上的电压就有可能对芯片电路造成损坏。引脚的最大/输出电流是 12 mA。由于 NodeMCU 开发板的引脚允许电压和电流都低于 Arduino 开发板的引脚，所以如想要将 NodeMCU 与 Arduino 引脚相互连接，特别注意这两个开发板的引脚电压和电流的区别，如果操作不当可能会损坏 NodeMCU 开发板。

ESP8266 芯片特殊引脚情况说明：

（1）引脚 GPIO2 在 NodeMCU 开发板启动时是不能连接低电平的。

（2）引脚 GPIO15 在开发板运行中一直保持低电平状态，因此不要使用引脚 GPIO15 来读取开关状态或进行 I^2C 通信。

（3）引脚 GPIO0 在开发板运行中需要一直保持高电平状态，否则 ESP8266 将进入程序上传工作模式也就无法正常工作了。无须对引脚 GPIO0 进行额外操作，因为 NodeMCU 的内置电路可以确保引脚 GPIO0 在工作时连接高电平而在上传程序时连接低电平。

ESP8266 芯片引脚特性说明如附表 9 所示。

附表 9　ESP8266 芯片引脚特性说明

特性	说　明
上拉电阻/下拉电阻	引脚 GPIO 0 ~ 15 都配有内置上拉电阻，这一点与 Arduino 十分类似；引脚 GPIO16 配有内置下拉电阻
模拟输入	ESP8266 只有一个模拟输入引脚（该引脚通过模/数转换将引脚上的模拟电压数值转化为数字量）。此引脚可以读取的模拟电压值为 0 ~ 1.0V，超过 1.0V 以上电压可能损坏 ESP8266 芯片。对于 NodeMCU 开发板上的模拟输入引脚，由于开发板配有降压电路，因此可以用 NodeMCU 开发板的模拟输入引脚读取 0 ~ 3.3 V 的模拟电压信号
串行通信	ESP8266 有 2 个硬件串行端口（UART）： 串行端口 0（UART0）使用 GPIO1 和引脚 GPIO3。其中引脚 GPIO1 是发送引脚 TX0，GPIO3 是接收引脚 RX0； 串行端口 1（UART1）使用 GPIO2 和 GPIO8 引脚。其中 GPIO2 引脚是发送引脚 TX1，GPIO8 是接收引脚 RX1。 注：由于 GPIO8 被用于连接闪存芯片，串行端口 1 只能使用 GPIO2 向外发送串行数据
I^2C 通信	ESP8266 只有软件模拟的 I^2C 端口，没有硬件 I^2C 端口。也就是说我们可以使用任意的两个 GPIO 引脚通过软件模拟来实现 I^2C 通信。开发板的引脚图中，GPIO4 标注为 SDA，GPIO5 标注为 SCL

续表

特性	说　明
SPI 通信	ESP8266 芯片的 SPI 端口情况如下： GPIO14—SCLK GPIO12—MISO GPIO13—MOSI GPIO 15—CS

NodeMCU 开发板的使用方法如下。

（1）驱动安装。常用的 NodeMCU 开发板有 CH340 和 CP2102 两种串口转 USB 芯片，需要根据购买 NodeMCU 开发板的不同安装不同的芯片驱动程序。

（2）Arduino IDE 软件安装。NodeMCU 开发板可用 Arduino 开发板使用的 Arduino IDE 软件进行编程和烧写程序，使用较方便。

（3）添加库文件。添加操作 NodeMCU 开发板的库文件。

（4）添加 ESP8266 开发板。打开 Arduino IDE，选择菜单"文件→首选项"，将以下链接 https：//arduino. esp8266. com/stable/package_esp8266com_index. json 复制到"附加开发板管理器网址"一栏中，如附图 17 所示。

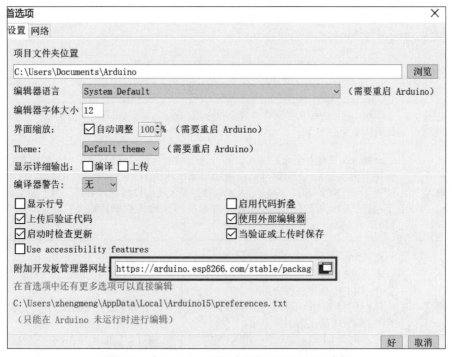

附图 17　在 Arduino IDE 中添加 ESP8266 开发板

单击"好"完成添加。然后单击菜单"工具→开发板→开发板管理器"，搜索 EESP8266，选择版本后单击"安装"。安装后的界面如附图 18 所示。

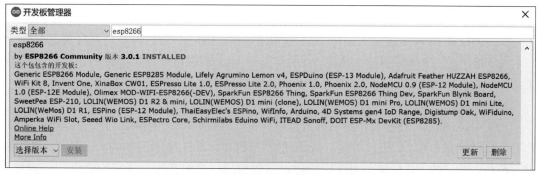

附图18　在 Arduino IDE 中安装 ESP8266 组件

安装后重启 Arduino IDE 软件，单击菜单"工具→开发板→Generic ESP 8266 Module"。

（5）用数据线连接 NodeMCU 开发板和计算机，单击菜单"工具→端口"选择 NodeMCU 开发板的端口号，如 COM6。

至此，配置完成，可以进行 NodeMCU 开发板的编程和程序烧写。

使用 NodeMCU 开发板上自带的 LED 灯，编程实现 LED 灯亮 1 000 ms，灭 1 000 ms，程序如下：

```
void setup()
{
    pinMode(LED_BUILTIN,OUTPUT);
}
void loop()
{
    digitalWrite(LED_BUILTIN,LOW);
    delay(1000);
    digitalWrite(LED_BUILTIN,HIGH);
    delay(1000);
}
```

把以上程序烧录进 NodeMCU 开发板，即可看到要求的实验现象。

附录7　OLED12864 的使用方法

有机发光二极管（Organic Light Emitting Diode，OLED）具备自发光、不需背光、对比度高、厚度薄、视角广、反应速度快、可用于挠曲性面板、使用温度范围广、构造及制程较简单等优异特性，是下一代的平面显示器新兴应用技术，适用于电视、智能手表等的图像及信息显示。

通常 LCD 都需要背光，而 OLED 不需要，OLED 采用非常薄的有机材料涂层和玻璃基板，当有电流通过时，这些有机材料就会发光。因此，与同类 LCD 相比，OLED 的显示效果要好一些。下面介绍一种在信息电子技术中比较常用 OLED12864，该屏有以下特点。

（1）OLED12864 的尺寸为 0.96 寸，有黄蓝、白、蓝三种颜色可选。其中黄蓝是屏上 1/4 部分为黄光，下 3/4 部分为蓝色，而且固定区域显示固定颜色，颜色和显示区域均不能修改；白色则为纯白，也就是黑底白字；蓝色则为纯蓝，也就是黑底蓝字。

（2）OLED12864 的分辨率为 128×64。

（3）OLED12864 具有多种接口方式，有 8 位 6 800/8 800 并行接口方式、3 线或 4 线串行 SPI 接口方式和 I^2C 接口方式。现成的常用 OLED12864 显示屏模块有七针的 SPI/I^2C 兼容模块，四针的 I^2C 模块，两种模块都很方便使用，可根据实际需求选择不同的模块。显示屏接口方式可通过屏上的 BS0 ~ BS2 来配置。

以下以四针 I^2C 接口的 OLED12864 显示屏模块为例简要介绍显示屏的使用方法。四针 I^2C 接口的 OLED 12864 显示屏模块实物如附图 19 所示。

附图 19　四针 I^2C 接口的 OLED12864 显示屏模块实物图

四针 I^2C 接口的 OLED12864 显示屏模块引脚说明见附表 10。

附表 10　四针 OLED12864 显示屏模块引脚说明

引脚	说　明
GND	电源地
V_{CC}	电源（3 ~ 5.5 V）
SCL	OLED 的 D0 脚，在 I^2C 通信中为时钟引脚
SDA	OLED 的 D1 脚，在 I^2C 通信中为数据引脚

1. OLED12864 驱动芯片 SSD1306

四针 I^2C 接口的 OLED12864 显示屏模块采用的驱动芯片为 SSD1306。SSD1306 是一款带控制器的用于 OLED 点阵图形显示系统的单片 CMOS OLED/PLED 驱动器。它由 128 个

SEG（列输出）和 64 个 COM（行输出）组成。SSD1306 嵌入了对比度控制器、显示 RAM 和振荡器，从而减少了外部组件的数量和功耗。它有 256 级亮度控制。可以通过硬件选择三种通信方式：6800/8000 串口、SPI 接口和 I²C 接口，最常用的有串行 SPI 接口方式和 I²C 接口方式。

整个 OLED12648 显示屏幕由 128 列×64 行的点阵构成。为了便于操控，从上到下每 8 行划分成一页，共 8 页，所以整个屏幕划分成 128 列×8 页。向 OLED 发送数据的最小单位是一个 8 位二进制数，数据（从最低位到最高位）的每一位（0/1）对应屏幕上（从上到下）的一个点（灭/亮），这意味着控制的最小单元是某一列连续的 8 个点。对 OLED 显示的控制实际上就是对内部数据存储器的写操作，要让 OLED 显示，其实就是要驱动 SSD1306。SSD1306 的结构框图如附图 20 所示。

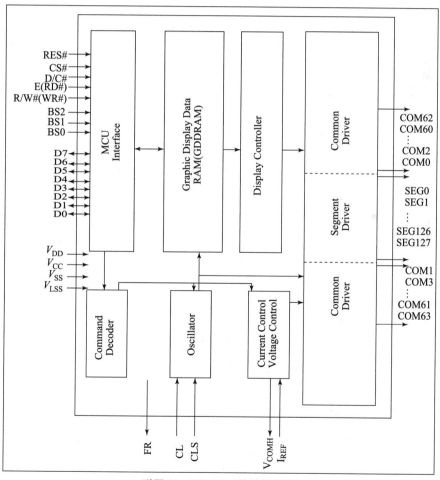

附图 20　SSD1306 的结构框图

SSD1306 接口方式可通过 BS0、BS1、BS2 共三个引脚来选择，通过引脚的高低电平可确定接口方式，如附表 11 所示。

附表 11　SSD1306 接口方式设置

SSD1306 Pin Name	I²C Interface	6800 – parallel Interface（8 bit）	8080 – parallel Interface（8 bit）	4 – wire Serial Interface	3 – wire Serial Interface
BS0	0	0	0	0	1
BS1	1	0	1	0	0
BS2	0	1	1	0	0

　　不同接口方式下的引脚分配如附表 12 所示，它由 SSD1306 的 8 个数据引脚和 5 个控制引脚组成。

附表 12　SSD1306 不同接口方式下的引脚分配

总线接口	Data/Command 接口								控制信号				
	D7	D6	D5	D4	D3	D2	D1	D0	E	R/W#	CS#	D/C#	RES#
8 – bit 8080	D [7：0]								RD#	WR#	CS#	D/C#	RES#
8 – bit 6800	D [7：0]								E	R/W#	CS#	D/C#	RES#
3 – wire SPI	Tie LOW			NC		SDIN		SCLK	Tie LOW		CS#	Tie LOW	RES#
4 – wire SPI	Tie LOW			NC		SDIN		SCLK	Tie LOW		CS#	D/C#	RES#
I²C	Tie LOW			SDA out		SDA in		SCL	Tie LOW			SAO	RES#

　　附表 12 中，（D[7:0]）代表 8 位并行数据位；（R/W#）位为低表示写操作，为高表示读操作；（D/C#）位为低表示命令读/写，为高表示数据读/写；（CS#）位为片选位，低电平有效；当 CS#为低电平时，E 输入用作数据锁存信号，数据被锁存在 E 信号的下降沿；Tie LOW 表示拉低；RES#信号用于设备初始化。

　　当 RES#为低电平时，SSD1306 芯片被初始化为以下状态。

　　（1）显示被关闭；

　　（2）显示模式为 128×64；

　　（3）SEG0 映射到地址 00h，COM0 映射到地址 00h；

　　（4）串行接口中的移位寄存器数据被清除；

　　（5）显示起始行被设置在 RAM 地址 0；

　　（6）列地址计数器被设置为 0；

　　（7）COM 输出是正常的扫描方向；

　　（8）对比度控制寄存器被设置为 7Fh；

　　（9）正常显示模式（相当于 A4h 命令）。

　　I²C 通信接口由从机地址位 SA0、I²C 总线数据信号 SDA（SDAout/D2 用于输出，SDAin/D1 用于输入）和 I²C 总线时钟信号 SCL（D0）组成，数据和时钟信号线都必须连接上拉电阻，RES#用于设备初始化。

　　（1）从机地址位（SA0）。SSD1306 在发送或接收任何信息之前必须识别从机地址位。

设备将会响应从机地址，后面跟随从地址位（SA0 位）读写选择位（R/W#位），字节格式如附表 13 所示。

附表 13　字节格式

b7	b6	b5	b4	b3	b2	b1	b0
0	1	1	1	1	0	SA0	R/W#

SA0 位为从机地址提供了一个扩展位。0111100 或 0111101 都可以作为 SSD1306 的从机地址。D/C#引脚作为 SA0 用于从机地址选择。R/W#用于确定 I²C 总线接口的操作模式。R/W# = 1，读模式；R/W# = 0，写模式。

（2）I²C 总线数据信号 SDA。SDA 作为发送端和接收端之间的通信通道。数据和应答信号都是通过 SDA 发送，通常 SDAin 和 SDAout 连接接到设备 SDA。SDAin 引脚必须连接到 SDA，SDAout 引脚可以不连接。当 SDAout 引脚不连接，应答信号将会被 I²C 总线忽略。

（3）I²C 总线时钟信号 SCL。I²C 总线中的信息传输遵循时钟信号 SCL，每个数据位的传输都发生在 SCL 的单个时钟周期内。

关于 SSD1306 芯片的 I²C 总线时序，可参考 SSD1306 芯片数据手册。

SSD1306 内部图形显示数据 RAM（Graphic Display Data RAM，GDDRAM）是一个位映射静态 RAM，用于保存要显示的位模式。RAM 的大小为 128×64 位，RAM 分为 8 页，从 PAGE0 到 PAGE7，用于单色 128×64 点阵显示，如附图 21 所示，可以从左上角起始，也可以从右下角起始。

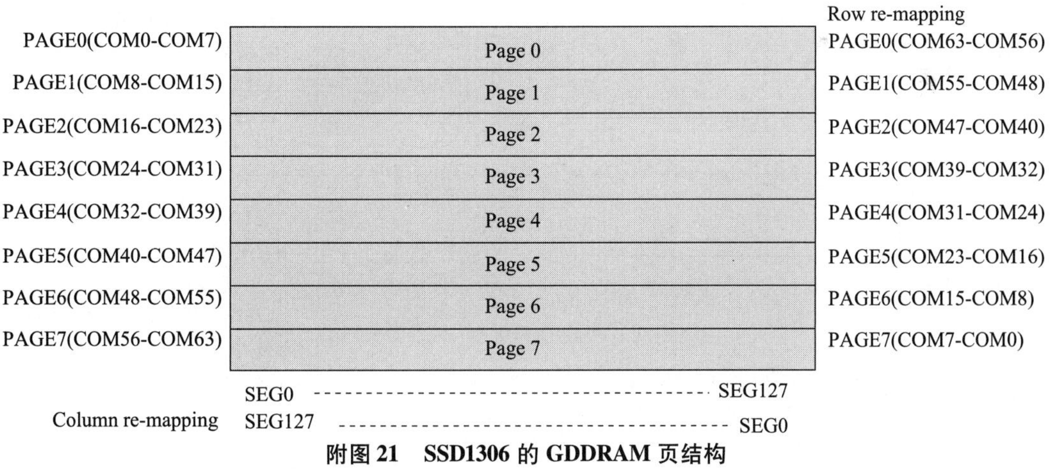

附图 21　SSD1306 的 GDDRAM 页结构

当一个数据字节写入 GDDRAM 时，当前列的同一页的所有行图像数据都被填满（即列地址指针指向的整列 8 位数据都被填满）。数据位 D0 写入顶行，而数据位 D7 写入底行，如附图 22 所示。

掌握 SSD1306 的命令是正确使用 SSD1306 驱动芯片的关键，只有正确使用 SSD1306 驱动芯片，才能让要显示的数据正确显示到 OLED 屏上。SSD1306 的基础命令如附表 14 所示，其他指令请参考 SSD1306 芯片数据手册。

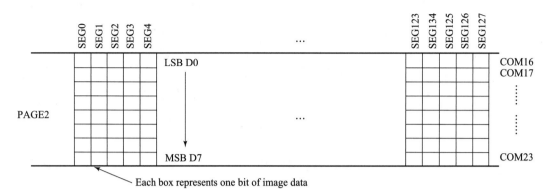

附图 22　数据在内存中的分布

附表 14　　SSD1306 基础指令表

（D/C# = 0，R/W#（WR#）= 0，E（RD# = 1））

基本指令表											
D/C#	Hex	D7	D6	D5	D4	D3	D2	D1	D0	命令	说明
0 0	81 A [7：0]	1 A7	0 A6	0 A5	0 A4	0 A3	0 A2	0 A1	1 A0	设置对比度	双字节命令，选择 256 级对比度中的一种；对比度随数值的增加而增加（RESET = 7Fh）
0	A4/A5	1	0	1	0	0	1	0	X0	整体显示开启状态	A4H，X0 = 0：恢复 RAM 内容的显示（RESET），输出跟随 RAM 内容变化； A5H，X0 = 1：进入显示开启状态，输出不管 RAM 内容变化
0	A6/A7	1	0	1	0	0	1	1	X0	设置正常显示或反相显示	A6H，X0 = 0：正常显示（RESET），RAM 中 0 代表灭，1 代表亮； A7H，X0 = 1：反相显示，RAM 中 0 代表亮，1 代表灭
0	AE AF	1	0	1	0	1	1	1	X0	设置显示开或关	AEH，X0 = 0：显示关，睡眠模式（RESET）； AFH，X0 = 1：显示开，正常模式

　　SSD1306 其他指令包括滚屏指令、寻址设置命令、硬件配置命令、时钟和驱动方案设置命令，命令的具体用法及说明参考 SSD1306 芯片数据手册，下面仅对几个命令进行说明。

(1) 设置内存寻址模式命令（20H）。SSD1306 有三种不同的内存寻址模式，即水平寻址模式、垂直寻址模式和页寻址模式。此命令为双字节指令，20H + A[1:0]，第二个字节最后两位的不同组合代表不同的内存寻址模式。

A[1:0] = 00，水平寻址模式；A[1:0] = 01，垂直寻址模式；

A[1:0] = 10，页寻址模式；A[1:0] = 11，无效模式。

水平寻址模式如附图 23 所示。

PAGE
COL0
COL 1
···
COL 126
COL 127
PAGE0
PAGE1
⋮
PAGE6
PAGE7

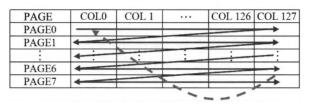

附图 23　水平寻址模式下地址指针移动顺序图

在水平寻址模式下，当显示 RAM 被读/写后，列地址指针自动加 1。如果列地址指针到达列的结束地址，列地址指针重置为列的开始地址，并且页地址指针自动加 1。当列地址和页地址都到达了结束地址，则指针重设为列地址和页地址的初始地址。

垂直寻址模式如附图 24 所示。

PAGE
COL0
COL 1
···
COL 126
COL 127
PAGE0
PAGE1
⋮
PAGE6
PAGE7

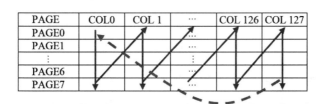

附图 24　垂直寻址模式下地址指针移动顺序图

在垂直寻址模式下，当显示 RAM 被读/写后，页地址指针自动加 1。如果页地址指针到达页的结束地址，页地址指针重置为页的开始地址，并且列地址指针自动加 1。当列地址和页地址都到达了结束地址，则指针重设为列地址和页地址的初始地址。

页寻址模式如附图 25 所示。

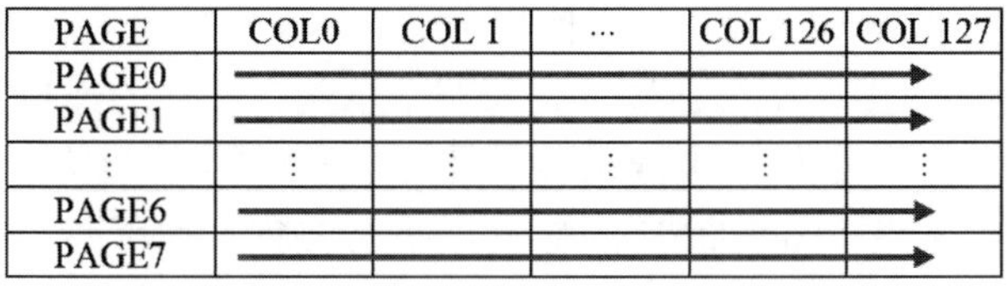

PAGE
COL0
COL 1
···
COL 126
COL 127
PAGE0
PAGE1
⋮
PAGE6
PAGE7

附图 25　页寻址模式下地址指针移动顺序图

在页寻址模式下，当显示 RAM 被读/写后，列地址指针自动加 1。如果列地址指针到达列的结束地址，列地址指针重置为列的开始地址但是地址指针不再改变，用户需要设置新的页和列地址来访问下一页 RAM 内存。

（2）设置列地址命令（21H）。此命令指定了数据显示 RAM 的列开始地址和结束地址，命令格式 21H + A[6:0] + B[6:0]，三字节，第二字节 7 位设置列起始地址，范围为 0 ~ 127。第三字节 7 位设置列结束地址，范围同样是 0 ~ 127。此命令只对水平寻址模式和垂直寻址模式有效。

（3）设置页地址命令（22H）。此命令指定了数据显示 RAM 的页开始地址和结束地址，三字节指令 22H + A[2:0] + B[2:0]，三字节，第二字节 2 位设置列起始地址，范围为 0 ~ 7。第三字节 2 位设置列结束地址，范围同样是 0 ~ 7。此命令只对水平寻址模式和垂直寻址模式有效。

举例说明列和页指针的移动顺序。假设通过 20H 命令，将寻址方式设置为水平寻址，列开始地址设置为 2，列结束地址设置为 125；页开始地址设置为 1，页结束地址设置为 6，如附图 26 所示。则图像显示数据 RAM 中可访问的地址为列地址 2 ~ 125，页地址 1 ~ 6。当显示 RAM 被读写后，列地址指针自动加 1。当访问到列地址 125 后，重新回到 2，页地址自动加 1。当数据访问完成后，列地址返回 2，页地址返回 1。

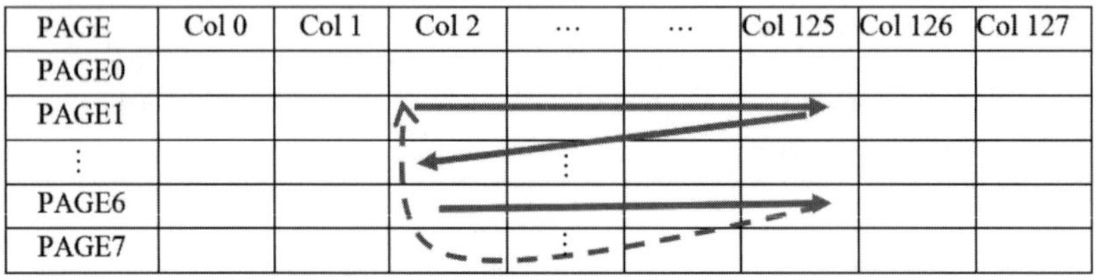

PAGE	Col 0	Col 1	Col 2	...	...	Col 125	Col 126	Col 127
PAGE0								
PAGE1								
⋮				⋮				
PAGE6								
PAGE7								

附图 26　列和页指针的移动顺序图

2. NodeMCU 使用库函数驱动 OLED12864

驱动 OLED12864 的库函数有很多，如 U8g2 库、Adafruit_ SSD1306 库等。接下来介绍用 U8g2 库函数来驱动 OLED12864。

U8g2 库是嵌入式设备单色图形库，支持非常多的嵌入式设备平台，如单片机、STM32、Arduino 等，支持大部分主流的单色 OLED 和 LCD 显示控制器，如我们常见的 SSD1306。U8g2 库中包括了多种图形的绘制，支持多种字体。

（1）安装 U8g2 库。在 Arduino IDE 中单击"项目→加载库→管理库"，在搜索框中输入 U8g2，查找选择最新版本进行安装。安装后，即可进行程序编写。

（2）U8g2 库函数驱动 OLED12864。使用 U8g2 库函数驱动 OLED12864 的示例如下，分为显示英文字符、显示中文字符、显示变量三个示例。硬件的连接为 NodeMCU 的引脚 D1（GGPIO5，SCL）接 OLED12864 的引脚 SCL，NodeMCU 的引脚 D2（GGPIO4，SDA）接 OLED12864 的引脚 SDA，NodeMCU 的任意一个 3.3 V 引脚接 OLED12864 的引脚 V_{cc}，NodeMCU 任意一个引脚 GND 接 OLED12864 的引脚 GND。引脚 NodeMCU 参考附图 16。

①显示英文字符。

OLED12864 显示英文字符的程序如下：

```
#include <Arduino.h>
```

```
#include<U8g2lib.h>
#include<Wire.h>

U8G2_SSD1306_128X64_NONAME_F_SW_I2C u8g2(U8G2_R0,/* clock=*/
SCL,/* data=*/SDA,/* reset=*/U8X8_PIN_NONE);

void setup(){
  u8g2.begin();                              //构造 U8G2 函数
}
  void loop(void){
  u8g2.clearBuffer();                        //清除 Buffer 缓冲区的数据
  u8g2.setFont(u8g2_font_ncenB08_tr);        //设置显示字体
  u8g2.drawStr(0,10,"-Simple Code-");        //绘制文本字符,绘制文本前需
                                             //定义字体

  u8g2.drawStr(30,30,"OLED TEST");
  u8g2.sendBuffer();                         //将 Buffer 缓冲区的内容发
                                             //送到显示器

  delay(1000);
  }
```

U8G2_SSD1306_128X64_NONAME_F_SW_I2C u8g2(U8G2_R0, /*clock=*/SCL, /*data=*/SDA, /*reset=*/U8X8_PIN_NONE) 为构造函数，函数名中各部分的含义如下：

U8G2：函数库；

SSD1306：控制芯片；

128X64_NONAME：显示器名称

F：全屏缓存，可选 1、2 或 F（full frame buffer），见附表 15；

附表 15　缓存大小

缓存大小	说　明
1	保持一页的缓冲区
2	保持两页的缓冲区
F	获取整个屏幕的缓冲区，内存消耗较大

SW_I2C：软件模拟 I^2C 总线。

各个参数的含义如下：

U8G2_R0 为正常显示，不旋转，见附表 16；clock 为 SCL 引脚号；data 为 SDA 引脚号；U8X8_PIN_NONE 为所用 OLED 无复位引脚。

附表 16　屏幕旋转方向设置

旋转/镜像	说　明
U8G2_R0	不旋转
U8G2_R1	顺时针旋转 90°
U8G2_R2	顺时针旋转 180°
U8G2_R3	顺时针旋转 270°
U8G2_MIRROR	不旋转，显示内容镜像（v2.6.x 版本以上可使用）

u8g2. setFont（font）：设置字体函数，font 为要设置的 u8g2 字体，比较常用的有 u8g2_font_unifont_t_symbols、u8g2_font_ncenB08_tr、u8g2_font_wqy12_t_gb2312b（用于显示汉字）等。

u8g2. drawStr(x,y,string)：绘制字符串函数，x，y 为起点坐标，string 为要显示的字符串。如命令 u8g2. drawStr(0,15,"Hello World")，显示的结果如附图 27 所示，x = 0 为列，y = 15 为行，字符的左下角为字符起始位置，按 y 轴向上绘制。字符串的显示，可以使用 drawStr 函数，也可以使用通用风格的 print 函数。

程序运行结果如附图 28 所示。

附图 27　显示函数中的显示位置示意图

附图 28　程序显示结果（英文字符）

②显示中文字符。

OLED12864 显示中文字符的程序如下：

```
#include <Arduino. h >
#include <U8g2lib. h >
#include <Wire. h >

U8G2_SSD1306_128X64_NONAME_F_SW_I2C u8g2(U8G2_R0,/* clock = * /
SCL,/* data = * /SDA,/* reset = * /U8X8_PIN_NONE);

void setup(){
  u8g2. begin();                              //构造 U8G2 函数
}
  void loop(void){
```

```
    u8g2.enableUTF8Print();                          //启用 UTF8 字集,允许
                                                     //UniCode 向 print 发
                                                     //送字符串
    u8g2.setFont(u8g2_font_wqy12_t_gb2312b);         //设置显示字体
    u8g2.setCursor(0,15);                            //设置要显示字符的光标
                                                     //位置
    u8g2.print("中文显示示例");                        //按指定的光标位置显示
                                                     //字符
    u8g2.sendBuffer();                               //将 Buffer 缓冲区的内容
                                                     //发送到显示器

    delay(1000);
}
```

如果想要使用 print 显示汉字，需要先设置如下语句：

```
u8g2.enableUTF8Print();
u8g2.setFont(u8g2_font_wqy12_t_gb2312b);
```

程序运行结果如附图 29 所示。

附图 29　程序显示结果（中文字符）

③显示变量。

OLED12864 显示中文字符的程序如下：

```
#include <Arduino.h>
#include <U8g2lib.h>
#include <Wire.h>

U8G2_SSD1306_128X64_NONAME_F_SW_I2C u8g2(U8G2_R0,/* clock =* /
SCL,/* data =* /SDA,/* reset =* /U8X8_PIN_NONE);

void setup(){
  u8g2.begin();                                    //构造 U8G2 函数
}
```

```
void loop(void){
int a =234;                                    //定义变量
u8g2.setFont(u8g2_font_unifont_t_symbols);     //设置显示字体
u8g2.setCursor(0,15);                          //设置要显示字符的光标
                                               //位置

u8g2.print("int a = ");                        //显示字符
u8g2.setCursor(60,15);                         //设置要显示字符的光标
                                               //位置

u8g2.print(a);                                 //显示变量
u8g2.sendBuffer();                             //将 Buffer 缓冲区的内
                                               //容发送到显示器

delay(1000);
}
```

程序运行结果如附图 30 所示。

附图 30　程序显示结果（变量）

参 考 文 献

［1］刘火良，杨森.STM32 库开发实战指南［M］.北京：机械工业出版社，2019.

［2］蒙博宇.STM32 自学笔记［M］.北京：北京航空航天大学出版社，2019.

［3］张毅刚，赵光权，刘旺.单片机原理及应用［M］.北京：高等教育出版社，2016.

［4］宋馥莉，杨森.单片机 C 语言实战开发 108 例（基 8051 + Proteus 仿真）［M］.北京：机械工业出版社，2017.

［5］江月松.光电技术与实验［M］.北京：北京理工大学出版社，2011.

［6］姚剑清，张宁波.模拟电路原理与设计［M］.北京：北京邮电大学出版社，2020.

［7］童诗白，华成英.模拟电子技术基础［M］.北京：高等教育出版社，2015.

［8］阎石.数字电子技术基础［M］.北京：高等教育出版社，2016.

［9］李庆常，王美玲.数字电子技术基础［M］.北京：机械工业出版社，2013.

［10］寇戈，蒋立平.模拟电路与数字电路［M］.北京：电子工业出版社，2019.

［11］杜树春.集成运算放大器及其应用［M］.北京：电子工业出版社，2020.

［12］张新喜.Multisim 14 电子系统仿真与设计［M］.北京：电子工业出版社，2017.

［13］求是科技.Visualc C++ 数字图像处理典型算法及实现［M］.北京：人民邮电出版社，2006.